计算机应用职业技术培训教程

数据库系统管理初步

计算机应用职业技术培训教程编委会 编著

丛书主编：许 远

本书执笔人：张晓丽 李 中 赵 琳

郭 杰 田 军

电子工业出版社.
Publishing House of Electronics Industry
北京 · BEIJING

内 容 简 介

本书是《计算机应用职业技术培训教程》丛书之一，根据最新的职业教育课程开发方法和职业岗位的工作功能及工作过程组织编写而成，体现了以"职业导向，就业优先"的课程理念，全书在编排上由简及繁、由浅入深、循序渐进，力求通俗易懂、简单实用。

本书在内容的组织形式上，结合使用广泛的SQL Server 2000数据管理系统，按照数据库管理员职业技能的要求，全面介绍了数据库管理的各项基本功能，同时，结合实例介绍数据库管理员需要掌握的基础理论知识。

本书可用于有关数据库系统管理的特别职业培训，也可作为社会人员自学的教材。

图书在版编目（CIP）数据

数据库系统管理初步/计算机应用职业技术培训教程编委会编著. —北京：电子工业出版社，2009.8

计算机应用职业技术培训教程

ISBN 978-7-121-09082-0

Ⅰ. 数… Ⅱ. 计… Ⅲ. 数据库管理系统－技术培训－教材 Ⅳ. TP311.13

中国版本图书馆 CIP 数据核字（2009）第 100266 号

策划编辑：关雅莉
责任编辑：宋兆武　李施诺
印　　　刷：北京市天竺颖华印刷厂
装　　　订：三河市鑫金马印装有限公司
出版发行：电子工业出版社
　　　　　北京市海淀区万寿路 173 信箱　邮编　100036
开　　本：720×1 000　1/16　印张：13.75　字数：292.2 千字
印　　次：2009 年 8 月第 1 次印刷
印　　数：3 000 册　定价：24.00 元

凡所购买电子工业出版社图书，如有缺损问题，请向购买书店调换。若书店售缺，请与本社发行部联系，联系及邮购电话：（010）88254888。

质量投诉请发邮件至 zlts@phei.com.cn，盗版侵权举报请发邮件至 dbqq@phei.com.cn。

服务热线：（010）88258888。

计算机应用职业技术培训教程
编审委员会名单

前 言

　　电子信息产业是现代产业中发展最快的一个分支，它具有高成长性、高变动性、高竞争性、高技术性、高服务性和高就业性等特点。

　　我国已经成为世界级的电子信息产业大国。目前，固定电话和移动电话用户数跃居世界第一位，互联网上网人数也位居世界第一位。产业的发展拉动了就业的增长。该产业的总体就业特征是高技能就业、大容量就业和高职业声望。今后，社会信息化程度将进一步提高，信息技术在通信、教育、医疗、游戏等各行业的应用将日渐深入，软件、硬件技术人才及网络技术人才的需求都保持了上升趋势。尤其是电子信息类企业内部分工渐趋细化和专业化，更需要大量的人才。

　　大量的人才需求，促进了电子信息产业的职业教育培训迅速发展，培养实用的电子信息产业人才的呼声日渐高涨，大量电子信息类的职业培训机构应运而生。但是，在职业教育培训中如何满足企业需求，体现职业能力一直是一个难点问题。

　　计算机应用职业技术培训教程编委会的专家们进行了深入的研究，开发了《计算机应用职业技术培训教程》丛书。该丛书根据最新的职业教育课程开发方法，以及职业岗位的工作功能和工作过程组织编写而成，体现了"职业导向，就业优先"的课程理念。

　　《计算机应用职业技术培训教程》丛书由计算机应用职业技术培训教程编委会编写，作者队伍由信息产业技术、行业企业代表、中高职院校电子信息类相关专业教师共同组成，并由职业培训、课程开发专家进行技术把关。工业和信息产业职业教育教学指导委员会、中国就业培训技术指导中心对本丛书的出版给予了大力支持并进行推荐。

　　由于本教材编写时间紧、任务重、难度大、模式新，难免存在不足甚至错误之处，敬请读者提出宝贵意见和建议。

编著者

2009 年 6 月

目 录

第1章 操作系统应用

内容提要 操作系统的概念、操作系统的基本操作、文件的概念、文件的基本操作等知识（技能）。

重点难点 操作系统的基本操作和文件的基本操作。

1.1 操作系统进入

1.1.1 操作系统基础知识

 学习目标

➢ 了解计算机操作系统的分类、特性及常用操作系统的种类
➢ 理解操作系统的概念
➢ 掌握计算机操作系统的功能

 相关知识

1. 操作系统的基本概念

操作系统作为计算机系统资源的管理者，它的主要任务是管理并调用计算机系统资源，满足用户程序对资源的请求，提高系统资源利用率，协调各程序对资源的使用冲突。此外，操作系统为用户提供友好的接口和服务，用户可以不必了解计算机硬件工作的细节就可通过操作系统来使用计算机，从而为用户使用计算机提供方便。

操作系统的定义：控制和管理计算机系统的硬件和软件资源，合理地组织计算机工作流程，为用户提供便于操作的界面，是位于计算机软件系统最底层的程序集合。

2. 操作系统的基本功能

操作系统具有五大功能：处理器管理功能，存储管理功能，设备管理功能，文件管理功能和用户接口功能。

（1）处理器管理功能

处理器是计算机中最重要的资源，它的时间相当宝贵，当只有一个用户使用计算机时，在输入命令或打印文件时处理器都是空闲的，这就大大降低了处理器的使用效率。因此，人们想到使用多道程序同时进行的办法来提高处理器的利用率。但由于处理器的速度极快，如何转换处理器为不同的程序服务就成了操作系统处理器管理的任务。处理器管理是指操作系统根据一定的调度算法对处理器进行分配，并对其运行进行有效的控制和管理。在多道程序环境下，处理器的分配和运行都是以进程为基本单位的，因而对处理器的管理可归结为对进程的管理，包括进程调度、进程控制、进程同步与互斥、进程通信、死锁的检测与处理等。

（2）存储器管理的功能

存储器（一般称为主存或者内存）由 RAM（Random Access Memory）和 ROM（Read only Memory）组成，是存放程序运行、中间数据和系统数据的地方。由于硬件的限制，存储器的存储容量是有限的。在计算机系统中，为了提高系统资源的利用率，系统内要存放多个交替运行的程序，这些程序共享存储器，并且彼此之间不能相互冲突和干扰。存储器管理功能的主要任务，就是完成对用户作业和进程的内存分配、内存保护、地址映射和内存扩充等工作，为用户提供比实际容量大的虚拟存储空间，从而达到对存储空间的优化管理。

（3）设备管理功能

外部设备不仅包含设备的机械部分，还包含控制它的电子线路部分。随着信息社会的发展，计算机外部设备得到了迅速发展，处理机和外部设备之间的接口关系也越来越复杂，因此操作系统设备管理模块的主要任务，就是把不了解具体设备技术特性及使用细节的用户的简单请求转化为对设备的具体控制，并充分发挥设备的使用效率，提高系统的总体性能。

（4）文件管理功能

计算机要处理大量的数据，这些数据以文件的方式存储在海量存储设备（如磁盘、磁带、光盘）中，操作系统文件管理功能是将这些数据与信息面向用户实现按名存取，完成文件在存储介质上的组织和访问，支持对文件的检索和修改，以及解决文件的共享、保护和保密等问题。

（5）用户接口功能

计算机的最终目的是为了用户使用，操作系统通过系统调用为应用程序提供一个很友好的接口，方便用户程序对文件和目录的操作，申请和释放内存，对各类设备进行 I/O 操作，以及对进程的控制。此外，操作系统还提供了命令级的接口，用户通过命令操作和程序操作与计算机交互，使计算机系统的使用更方便、适用。

3. 操作系统的特性

操作系统有四个基本特性：并发性、共享性、虚拟性和不确定性。

（1）并发性

并发性是指宏观上在一段时间内能处理多个同时操作和计算重叠，即一个进程的第一个操作在另一个进程的最后一个操作完成之前开始。操作系统必须能够控制和管理各种并发活动，无论这些活动是用户的还是操作系统本身的。

（2）共享性

共享是指系统中的硬件和软件资源不再为某个程序所独占，而是供多个用户共同使用。根据资源属性，通常有互斥共享和同时共享两种方式。互斥共享在一段时间内只允许一个作业访问该资源，这种资源（如打印机或内部链表）只有被使用者释放之后才能被另一使用者使用。同时共享指该资源允许在一段时间内由多个进程同时对它进行访问。

（3）虚拟性

虚拟的本质含义是把物理上的一个变成逻辑上的多个。前者是实际存在的，后者只是用户的一种感觉。例如，多道程序设计技术能把一台物理 CPU 虚拟为多台逻辑上的 CPU，SpooLing 技术能把一台物理 I/O 设备虚拟为多台逻辑上的 I/O 设备（虚拟设备）。此外，通过操作系统的控制和管理，还可实现虚拟存储器、虚拟设备等。

（4）不确定性

不确定性是指在操作系统控制下的每个作业的执行时间、多个作业的运行顺序和每个作业的所需时间是不确定的。这种不确定性对系统是个潜在的危险，它与资源共享一起将可能导致与时间有关的错误。

4. 操作系统的分类

（1）单用户操作系统

单用户操作系统的基本特征是在一台计算机系统内一次只能支持一个用户程序的运行。个人计算机（PC）上配置的操作系统大多属于这种类型，它提供联机交互功能，用户界面特别友好。

（2）多道批处理系统

在这种操作系统控制下，用户作业逐批地进入系统、逐批地处理、逐批地离开系统，作业与作业之间的过渡不需要用户的干预。多道即在主存内同时有多个正在处理的作业，相互独立的作业在单 CPU 情况下交替地运行或在多 CPU 情况下并行运行。它主要装配在用于科学计算的大型计算机上。

（3）分时系统

它一般连接多个终端，用户通过相应的终端使用计算机。它将 CPU 的整个工作时间分成一个个的时间段，从而将 CPU 的工作时间分别提供给多个终端用户。

（4）实时系统

在这种操作系统的控制下，计算机系统能对随机发生的外部事件做出及时的响应，在规定的时间内完成对该事件的处理并有效地控制所有实时设备和实时任务协调地运行。它常有两种类型，即实时控制和实时信息处理。前者常用于工业控制、航天器控制、医疗控制；后者常用于联机情报检索、图书管理、航空订票等。

（5）网络操作系统

网络操作系统是使网络上各计算机能方便而有效地共享网络资源，而为网络用户提供所需的各种服务的软件和有关规程的集合。因此，网络操作系统除了具备存储管理、处理机管理、设备管理、信息管理和作业管理外，还应具有提供高效可靠的网络通信能力和多种网络服务能力。网络用户只有通过网络操作系统才能享受网络所提供的各种服务。

（6）分布式操作系统

分布式系统具有一个统一的操作系统，它可以把一个大任务划分成很多可以并行执行的子任务，并按一定的调度策略将它们动态地分配到不同的处理站点上执行。分布式操作系统要实现并行任务的分配、并行进程通信、分布机构、分散资源管理等功能。

5. 操作系统的结构

操作系统结构分为模块结构、层次结构和客户/服务器结构。

模块结构是指操作系统通过若干个模块共同来完成用户所要求的服务，这种系统的结构关系不清晰，系统的可靠性低；层次结构是把操作系统分成若干个层次，所有功能模块按功能流程图的调用次序，分别排列在这些层，各层之间具有单向的依赖关系；客户/服务器结构是将操作系统分成若干个小的并且自包含的分支（服务器进程），每个分支运行在独立的用户进程中，相互之间通过规范一致的方式接口发送消息，从而把这些进程链接起来。

6. 常用操作系统

目前常用的操作系统有美国微软公司开发的 Windows 系列、美国 AT&T 公司的分时操作系统 UNIX 和在互联网上产生、发展并不断壮大的 Linux 系统，还有 NetWare、OS/2 等。

1.1.2 操作系统基本操作

学习目标

➢ 掌握 Windows 2000 操作系统的启动和退出
➢ 掌握 Windows2000 操作系统的基本操作
➢ 掌握运行和退出应用程序的方法

操作步骤

1. Windows 2000 的启动与退出

（1）Windows 2000 的启动

系统启动后，将自动启动 Windows 2000，首先将打开登录界面。由于 Windows 2000 支持多用户操作及用户个性化设置，为了保证系统安全，在登录系统时 Windows 2000 将进行身份验证，用户必须输入正确的用户名和密码才能登录 Windows 2000。

（2）Windows 2000 的退出

在关闭电源之前，应正确退出 Windows 2000，否则可能引起数据丢失或给系统带来一些问题。安全退出 Windows 2000 的操作方法如下。

① 单击"开始"→"关机"，打开"关闭 Windows"对话框，如图 1-1 所示。

图 1-1　"关闭 Windows"对话框

② 单击右边下拉按钮打开列表，选择所需选项，单击"确定"按钮。其中，"注销"为切换计算机用户，"关机"为关闭计算机，"重新启动"为重新启动计算机，"等待"为使计算机进入睡眠等待状态。

2. Windows 2000 基本操作

1）鼠标操作

Windows 2000 是一个图形界面操作系统，其基本操作方法是用鼠标选取、移动和激活屏幕上的操作对象。

（1）移动。所谓移动是指将鼠标指针移动到某个特定位置，也称为指向。

（2）单击。将鼠标指针指向某个项目后，按下鼠标左键或右键后再放开按键，简称为单击或选择。常见为单击左键，用于选择该项目。单击右键通常用于打开对该项目可能的操作的快捷菜单。

（3）双击。将鼠标指针指向某个项目后，很快地按两次鼠标左键，称为双击。通常用于执行该项目。

（4）拖动。将鼠标指针指向某个项目后，按住鼠标左键，将鼠标移动到另一位置后放开按键。通常用于移动该项目。

2）窗口操作

窗口是应用程序和用户交互的主要界面。一般说来，一个应用程序总是在一个或多个窗口中工作。图 1-2 所示是一个典型的 Windows 2000 窗口，由如下几部分组成。

图 1-2　典型的 Windows 2000 窗口

（1）标题栏。标题栏是一个窗口的主要控制部分，拖动标题栏可以实现窗口的移动。标题栏包括：

① 应用程序图标。位于标题栏最左端，用于标识该应用程序，同时作为控制菜单图标。单击此图标可显示控制菜单，其中包括所有的窗口控制：还原（恢复窗口的大小）、移动、大小（改变窗口的大小）、最小化（将窗口缩小为任务栏上的按钮）、最大化（将窗口放大到整个桌面）、关闭。

② 标题。应用程序按钮右边的文字是窗口的标题，即应用程序的名字。

③ 窗口控制按钮。标题栏右边的三个按钮，依次是"最小化"按钮、"最大化"/"还原"按钮、"关闭"按钮。

（2）菜单栏。标题栏的下面是菜单栏，含有应用程序定义的各个菜单项。不同的应用程序有不同的菜单项，但大都包括"文件"、"编辑"、"查看"、"帮助"等菜单项。单击菜单项将打开相应的下拉菜单。在下拉菜单中，单击某个命令项可以执行该命令。

（3）工具栏。工具栏中包含若干个工具图标（按钮），单击这些图标可快速执行相应的命令。不同的应用程序有不同的工具栏。

（4）地址栏。地址栏是输入和显示网页地址的地方，允许输入 Web 页的地址而不需要事先打开 Internet Explorer 浏览器。另外，还可以从地址栏浏览文件夹（在地址栏中输入驱动器名或文件夹名，然后按"Enter"键）或运行程序（输入程序名或组件名，然后按"Enter"键）。

（5）用户区。用户区是窗口中应用程序可以使用的部分，其中有若干个图标，双击这些图标可以打开对应的应用程序窗口或功能对话框窗口。

（6）状态栏。状态栏用于显示与当前窗口操作有关的提示性信息。

（7）滚动条。滚动条包括横向滚动条和纵向滚动条。单击滚动条两端的箭头按钮、拖动鼠标、单击滚动条上的某个位置都可以滚动窗口内容。

（8）边框。将光标移到边框上，当光标变成双向箭头时，拖动鼠标可改变窗口的大小。

3）菜单操作

菜单是系统提供的可操作命令的功能列表。菜单栏上的各类命令称为菜单项，单击菜单项后可展开为下拉菜单，下拉菜单中的每一项称为命令项。

（1）菜单分类。Windows 2000 中主要有"开始"菜单、窗口控制菜单、窗口菜单及快捷菜单 4 类菜单。

① "开始"菜单。单击"开始"按钮，打开"开始"菜单，通常 Windows 2000 从这里进入工作状态。

"开始"菜单中各菜单项功能如下。

程序：显示可运行的各程序菜单项，单击级联菜单中的某个程序名，可运行该程序。

文档：包含若干最近打开的文档，由此可以迅速打开以前调用过的文档。

设置：列出了能进行系统设置的组件清单，单击某项可以进行相应的系统设置。

搜索：用于查找文件、文件夹、计算机或 Internet 上的资源和用户。

帮助：可以启动 Windows 2000 的帮助程序，以获得相关帮助主题。

运行：用命令方式运行应用程序或打开文件夹。

关机：可以选择"注销"、"关机"、"重新启动"或"等待"。

② 窗口控制菜单。单击窗口标题栏左上角窗口应用程序图标将打开窗口控制菜单，其作用和窗口标题栏右侧窗口控制按钮基本相同。

③ 窗口菜单。窗口菜单大部分位于窗口的菜单栏上。由于窗口菜单的打开方式是由菜单项下拉打开的，所以也称为下拉菜单。

④ 快捷菜单。指向任意对象，单击右键，将打开该对象的快捷菜单。

快捷菜单中包含了与该对象密切相关的一些命令，用户可以快速选择以提高工作效率。由于对象的不同，快捷菜单的内容也有所不同，但一般都包含打开、属性等选项。

（2）菜单命令项约定。

① 命令项的颜色。正常命令项是黑色的表示用户可以执行，呈灰色的命令项表示当前不能选择执行，比如未选取对象时的复制、剪切命令项。

② 命令项前的标记。命令项前带有"√"标记的表示该命令项已选用，单击该命令项可以取消该命令项功能；命令项前带有"●"标记的表示该命令项已选用，并且同类命令项只能选择其中之一，如"我的电脑"→"查看"菜单项"大图标"、"小图标"、"列表"、"详细资料"、"缩列图"。

③ 命令项后的标记。命令项后带有"▶"标记的表示该命令项带有级联菜单；命令项后带有"…"标记的表示执行该命令项将打开对话框，用户应进行相应的设置或输入某些信息后才能继续执行。

④ 命令项后的组合字母键。命令项后带有的组合字母键表示该命令项的快捷键，表示不需要打开菜单，使用快捷键就可以执行该命令项。

⑤ 命令项下的标记。命令项下带有"⯆"标记的表示该菜单项下面还有命令项，可以单击此标记展开。

4）对话框操作

对话框是 Windows 2000 与用户交互信息的一种非常重要的界面元素，通常是一个特殊的窗口。与窗口不同的是，对话框一般不能最大化及最小化。有些对话框非常简单，如确认对话框；有些对话框非常复杂，如显示属性对话框、打印对话框等。图 1-3 所示是一个典型的设置打印选项的对话框，通常由标题栏、选项卡、文本框、列表框、单选钮、复选框、按钮组成。

对话框中常用组件的功能如下。

① 选项卡。当对话框功能较多时，利用选项卡可以将功能分类存放。

② 单选钮。单选钮用于在一组可选项中只能选择一项。单选钮的选项前面有一个圆圈，被选中的选项圆圈中有一个圆点。

③ 复选框。复选框用于在一组可选项中可以选择若干项。复选框的选项前面有一个方框，被选中的选项方框中有一个对号。

④ 列表框。列表框用于在一组对象列表中选择其中一项。如果列表框容纳不下所显示的对象，列表框会有滚动条。

⑤ 文本框。文本框用于输入文字信息。

⑥ 按钮。按钮表示一个操作，单击按钮可以执行该项操作。

⑦ 微调按钮。微调按钮用于改变数值大小，可以单击上下箭头或直接输入数值。

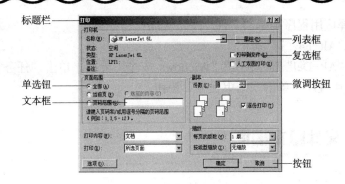

图 1-3　"打印"对话框

3. 运行和退出应用程序

（1）运行应用程序

① 用快捷方式启动。如果应用程序在桌面上创建有快捷方式，双击快捷方式图标可以启动对应的应用程序。

② 用"开始"菜单启动。利用开始菜单，可以启动应用程序。操作方法如下。

- 单击"开始"→"程序"，打开"程序"菜单。
- 单击相应的应用程序选项即可启动该应用程序，打开应用程序窗口。

③ 用命令启动。如果知道应用程序的可执行文件名及所在的文件夹，可以用命令执行。操作方法如下。

- 单击"开始"→"运行"，打开"打开"对话框。
- 在"打开"输入框中输入可执行文件名，或单击"浏览"按钮选择可执行文件名。如图 1-4 为启动写字板应用程序。
- 单击"确定"按钮。

④ 用"我的电脑"启动。在 Windows 2000 中还可以通过"我的电脑"或"资源管理器"来启动应用程序。通过"我的电脑"来启动"写字板"的操作方法如下。

图 1-4　用命令启动写字板应用程序

- 双击"我的电脑"图标，打开"我的电脑"窗口。
- 双击驱动器 C 图标，再双击"WINNT"文件夹，"system32"文件夹。
- 双击"write.exe"文件，即可启动"写字板"程序。

在"资源管理器"中启动应用程序的方法与此类似。

（2）退出应用程序

① 单击应用程序右上角的"关闭"按钮。

② 双击应用程序图标，或单击应用程序图标打开窗口控制菜单选择"关闭"命令。

③ 选择应用程序菜单"文件"→"关闭"命令。

④ 按"Alt+F4"键。

⑤ 按"Alt+Del"键，打开"Windows 安全"界面，单击"任务管理器"按钮，选择应用程序，单击"结束任务"按钮。

1.2　文件基本操作

1.2.1　文件基本知识

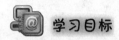 学习目标

➤　理解文件、文件夹的概念

➤　了解文件的结构

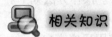 相关知识

1. 文件

（1）文件的概念

文件是存储在磁盘上的一组信息的集合，是计算机组织管理信息的方式。文件可以是一个程序、一批数据或其他的各种信息。任何信息都是以文件的形式存放在磁盘上的，每个文件必须有一个确定的名字，以便与其他文件相区别。

（2）文件名

文件名是用来标识文件的，是文件存取信息的标志，不同的系统对文件名的规定有所不同。

在 Windows 系统中，文件的命名规则如下：

① 文件名可以有两部分：主名和可选的扩展名。主名和扩展名由"."分隔。主名长度最大可达到 255 个 ASCII 字符，扩展名最多 3 个字符。

② 文件名可以由汉字、字母、数字及符号等构成。

（3）文件的类型

文件根据其不同的数据格式和意义使得每个文件都具有某种特定的类型。Windows 操作系统利用文件的扩展名来区分每个文件的类型。

Windows 操作系统常见的类型如下：

.com　　　dos 命令程序

.exe　　　可执行程序

.bat	批处理文件
.doc	带格式文件
.txt	无格式文件
.sys	系统文件
.hlp	帮助文件
.bmp	位图文件
.wav	声音文件
.avi	活动图像文件
.ico	图标文件

2. 文件夹

为了便于对存放在磁盘上的众多文件进行组织和管理，通常将一些相关的文件存放在磁盘上的某一特定的位置，这个特定的位置就称为文件夹。可以在每个磁盘上建立多个文件夹，而其中的每一个文件夹又可划分为多个子文件夹，每个子文件夹还可以再划分为其下一级的多个子文件夹。

每个文件夹都有自己的文件夹名，其命名规则与文件命名规则相同。在文件夹中，可以有文件和文件夹，但在同一文件夹中不能有同名的文件或文件夹。

与文件和文件夹有关的一个重要概念是路径。文件与文件夹的路径是一个地址，它告诉操作系统如何才能找到该文件或文件夹。如写字板的路径是："C:\winnt\system32\write.exe"。

3. 文件的结构

人们常以两种不同的观点去研究文件的结构。一是用户的观点，用户以文件编制时的组织方式作为文件的组织形式来观察和使用，用户可以直接处理其中的结构和数据，这种结构常称之为逻辑结构。另一种是系统的观点，主要研究存储介质上的实际文件结构，即文件在外存上的存储组织形式，称之为物理结构或存储结构。

（1）文件的逻辑结构

文件的逻辑结构分两种形式：一种是记录式文件，一种是无结构的流式文件。

① 记录式文件。指由若干个相关的记录组成的文件，在文件中的每个记录编以序号，如记录1、记录2、…、记录N，这种记录称为逻辑记录，其序号称为逻辑记录号。按记录的长度，记录式文件可分为等长记录文件和变长记录文件两类。

② 流式文件。指文件是有序的相关数据项的集合。这种文件不再划分成记录，而由基本信息单位字节或字组成，其长度是文件中所含字节的数目。大量的源程序、库函数等采用的就是流式结构。

（2）文件的物理结构

文件的物理结构有很多种，常见的有三种，分别为顺序结构、链接结构和索引结构。

① 顺序结构。一个逻辑文件的信息依次存于外存的若干连续的物理块中的结构称为文件的顺序结构。在顺序文件中，序号为 j＋1 的逻辑记录，其物理位置一定紧跟在序号为 j 的逻辑记录后。

顺序结构的优点是连续存取时速度较快，只要知道文件存储的起始块号和文件块数就可以立即找到所需的信息。其缺点是文件长度一经固定便不宜改动，因此不便于记录的增、删操作，一般只能在末端进行。

② 链接结构。链接结构是指一个文件不需要存放在存储媒体连续的物理块中，它可以散布在不连续的若干个物理块中，每个物理块中有一个链接指针，它指向下一个连接的物理块位置，从而使存放该文件的物理块中的信息在逻辑组织上是连续的。文件的最后一个物理块的链接指针通常为"∧"，表示该块为链尾。

链接结构采用的是一种非连续的存储结构，文件的逻辑记录可以存放到不连续的物理块中，所以不会造成几块连续区域的浪费。这种结构文件可以动态增、删，只要修改链接字就可将记录插入到文件中间或从文件中删除若干记录。但它只适合顺序存取，不便于直接存取。为了找到一个记录，文件必须从文件头开始一块一块查找，直到所需的记录被找到，所以降低了查找速度。

③ 索引结构。索引结构是系统为每个文件建立一张索引表，建立逻辑块号与物理块号的对照表。这种形式组织的文件既可以按索引顺序进行顺序访问某个记录，也可以进行直接的随机访问某个记录。

索引结构具备链接结构的所有优点，可以直接读/写任意记录，而且便于文件的增、删，并且它还可以方便地进行随机存取。其缺点是增加了索引表的空间开销。当增加或删除记录时，首先要查找索引表，这就增加了一次访盘操作，从而降低了文件访问的速度。

索引表是在文件建立时系统自动建立的，并与文件一起存放在同一文件卷上。一个文件的索引表可以占用一个或几个物理块。存放索引表的物理块叫做索引表块，它可以按串取文件方式组织也可以按多重索引方式组织。

1.2.2　Windows 2000 文件（夹）基本操作

 学习目标

➢ 掌握文件的基本操作
➢ 掌握文件夹的基本操作

操作步骤

文件、文件夹的基本操作包括创建、选取、显示、复制、移动、删除、查找、设置属性等操作。操作的方法可使用菜单、工具栏、快捷菜单等方式。操作的环境可以使用"我的电脑"或"资源管理器"。

1. 建立新文件夹

（1）使用"我的电脑"建立

① 打开"我的电脑"窗口。

② 选中要放置新文件夹的驱动器或文件夹。

③ 选择"文件"→"新建"→"文件夹"命令（或指向空白位置单击右键选择"新建"→"文件夹"命令），如图 1-5 所示。

④ 在窗口内容列表最后将出现一个"新文件夹"，且处于等待编辑状态。

⑤ 输入新文件夹名，按 Enter 键或单击该文件夹名框外任意位置。

图 1-5　建立新文件夹

（2）在应用程序中建立

在应用程序中可利用"另存为"对话框中的"新建文件夹"按钮建立新文件夹。以 Word 2000 为例，当选择"文件"→"另存为"命令，打开"另存为"对话框，单击"新建文件夹"图标（指向空白位置单击右键选择"新建"→"文件夹"命令），如图 1-6 所示。

图 1-6　"另存为"对话框建立新文件夹

2. 选择文件（夹）

在对某个文件（夹）操作之前，必须先选中它。操作方法如下。

（1）双击某个磁盘或文件夹可以打开该磁盘或文件夹，用工具栏"向上"按钮、地址栏右部的下拉按钮可以选择磁盘或文件夹。

（2）先单击要选择的第一个文件（夹），再按住"Shift"键并单击要选择的最后一个文件（夹），这样可选择其间的所有文件（夹）。

（3）按住"Ctrl"键，逐个单击可以选择各个文件（夹）。

（4）所有选中的文件（夹）均以反色显示。

（5）要取消选择，可单击窗口中任意位置。

3. 显示文件（夹）

（1）显示方式

文件（夹）的显示方式通常有如下 4 种方式。

① 大图标：文件（夹）以大图标方式显示。

② 小图标：文件（夹）以小图标方式显示。

③ 列表：文件（夹）以列表方式显示，但只显示文件（夹）的名称。

④ 详细资料：文件（夹）以列表方式显示，并显示文件（夹）的名称、类型、修改时间及文件的大小等。

打开"我的电脑"窗口，在"查看"菜单中可以选择某种显示方式。

（2）排序方式

将文件（夹）按一定的顺序排列，这样可以比较容易从多个文件（夹）中查找某个具体的文件（夹）。

文件（夹）可以按名称、类型、大小和时间的顺序排列。操作方法如下。

① 打开"我的电脑"窗口。

② 选择"查看"→"排列图标"命令，如图 1-7 所示。

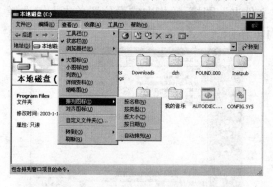

图 1-7　"查看"菜单"排列图标"级联菜单

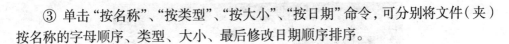

③ 单击"按名称"、"按类型"、"按大小"、"按日期"命令，可分别将文件（夹）按名称的字母顺序、类型、大小、最后修改日期顺序排序。

4. 文件（夹）的查找

（1）选择"开始"→"搜索"→"文件或文件夹"命令，打开"搜索结果"窗口。

（2）在"要搜索的文件或文件夹名为"输入框中输入需要查找的文件（夹）名，可使用通配符"*"匹配任意个字符，"?"匹配任意一个字符；"搜索范围"列表框中选择所需驱动器。

（3）单击"立即搜索"按钮。

（4）查找结束后，在右侧窗口将显示查找到的所有文件（夹）的信息，可以对查找到的文件（夹）进行各种操作，如图1-8所示。

图 1-8　"搜索结果"窗口

5. 文件（夹）的移动与复制

（1）打开"我的电脑"窗口。

（2）选中需要移动、复制的文件（夹）。

（3）如果移动文件（夹），选择"编辑"→"剪切"命令（或指向选中的任意文件（夹）单击右键选择"剪切"命令）；如果复制文件（夹），选择"编辑"→"复制"命令（或指向选中的任意文件（夹）单击右键选择"复制"命令），如图1-9所示。

（4）选择目标文件夹。

（5）选择"编辑"→"粘贴"命令（或指向文件夹任意位置单击右键选择"粘贴"命令），选中的文件（夹）即被移动或复制到目标文件夹中。

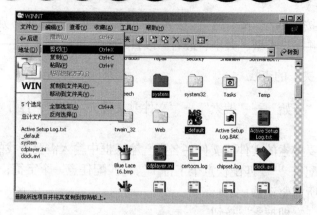

图 1-9 用"编辑"菜单移动、复制

6. 文件（夹）的重命名

（1）打开"我的电脑"窗口。

（2）选中需要重命名的文件（夹）。

（3）选择"文件"→"重命名"命令（或指向选中的文件（夹）单击右键选择"重命名"命令），选中的文件（夹）处于等待编辑状态，如图 1-10 所示。

（4）输入新文件（夹）名，按 Enter 键或单击该文件（夹）名框外任意位置。

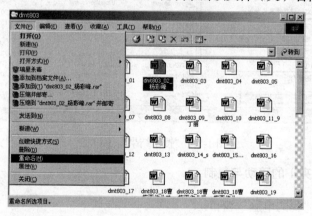

图 1-10 文件重命名

7. 文件（夹）的删除

（1）打开"我的电脑"窗口。

（2）选中需要删除的文件（夹）。

（3）选择"文件"→"删除"命令（或指向选中的文件（夹）单击右键选择"删除"命令），打开"确认文件（夹）删除"对话框，如图 1-11 所示。

（4）如果确实要删除，单击"是"按钮。

图 1-11　"确认文件删除"对话框

8. 设置文件（夹）的属性

（1）设置文件的属性

① 打开"我的电脑"窗口。

② 选中需要设置属性的文件。

③ 选择"文件"→"属性"命令（或指向选中的文件单击右键选择"属性"命令），打开文件属性对话框，如图 1-12 所示。

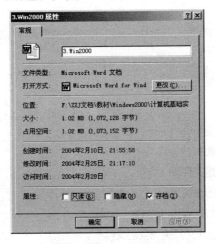

图 1-12　文件属性对话框

④ 选中"只读"、"隐藏"复选框可以设置文件的只读、隐藏属性，去掉"只读"、"隐藏"复选框可以取消文件的只读、隐藏属性。

⑤ 单击"确定"按钮。

（2）设置文件夹的属性

文件夹除了可以设置与文件相同的属性外，还可以设置文件夹的属性。操作方法如下。

① 打开"我的电脑"窗口。

② 选中需要设置属性的文件夹。

③ 选择"文件"→"属性"命令（或指向选中的文件夹单击右键选择"属性"命令），单击"共享"选项卡，如图 1-13 所示。

④ 选中"共享该文件夹"单选钮可以设置文件夹的共享属性。

⑤ 单击"确定"按钮。

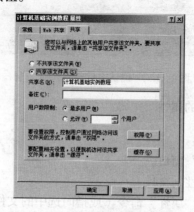

图 1-13　设置文件夹属性对话框

本章习题

1. 什么是操作系统？

2. 简述操作系统的功能。

3. 常用的操作系统有哪些？

4. 什么是文件？什么是文件夹？

5. 简述文件、文件夹的命名规则。

6. 完成下面操作，不限制操作的方式。

（1）在 D 盘的目录下创建文件夹"我的文件"。

（2）在"我的文件"文件夹下创建"我的图片"、"我的音乐"、"我的文档"及"临时文件" 4 个文件夹。

（3）将 C 盘上任意 3 个位图文件（扩展名位.bmp）复制到"我的图片"文件夹中。

（4）在"临时文件"文件夹下用"写字板"创建一个文件名为"练习"的文本文件，内容任意。

（5）将"练习"文本文件复制到"我的文档"文件夹中，并将文件名重命名为"文档 1"。

（6）删除"临时文件"文件夹。

（7）共享"我的音乐"文件夹。

第2章 数据采集

内容提要 本章主要介绍了数据模型、数据模型的分类、数据模型的转换原则、管理数据库、数据库数据的导入/导出方法等知识（技能）。

重点难点 数据模型的转换、SQL Server 2000 数据库的创建、数据库间数据的导入/导出。

2.1 数据建模

2.1.1 数据模型

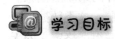 学习目标

➢ 了解数据模型相关概念
➢ 了解数据模型的分类
➢ 熟悉关系模型
➢ 熟悉 ER 模型
➢ 掌握常用的数据模型

 相关知识

1. 数据模型的概念

模型是对现实世界的抽象。在数据库技术中，用模型的概念描述数据库的结构与语义。"数据模型（Data Model）"是表示实体类型及实体间联系的模型。

数据库是某个企业、组织或部门所涉及的数据的综合，它不仅要反映数据本身的内容，而且要反映数据之间的联系。由于计算机不可能直接处理现实世界中的具体事务，因此人们必须事先把具体事务转换成计算机能够处理的数据。在数据库中用数据模型这个工具来抽象、表示和处理现实世界中的数据和信息。通俗

的讲，数据模型就是现实世界的模拟。现有的数据库均是基于某种数据模型的。

数据模型是现实世界的模拟，是现实世界数据特征的抽象。在数据库中数据模型是一个工具，完成抽象、表示和处理现实世界中的数据和信息。它反映了现实世界的真实内容。数据模型的作用是将数据逻辑地组织成数据库，能够有效地访问和处理数据。

数据库系统是用数据模型来实现对现实世界进行抽象的，数据模型是提供信息和操作手段的形式框架。数据模型应满足三方面要求：一是能比较真实的模拟现实世界；二是容易为人所理解；三是便于在计算机上实现。一种数据模型要很好地满足这三方面的要求在目前尚很困难。在数据库系统中针对不同的使用对象和应用目的，采用不同的数据模型。根据数据模型应用的目的不同，目前被广泛使用的可分为两种类型。一种是在概念设计阶段使用的数据模型，称为概念数据模型。另一种是在逻辑设计阶段使用的数据模型，称为逻辑数据模型。

概念数据模型是独立于计算机系统的数据模型，完全不涉及信息在计算机中的表示，只是用来描述某个特定组织所关心的信息结构，也称为信息模型。概念数据模型是按用户的观点对数据建模，强调其语义表达能力。概念数据模型应该简单、清晰、易于用户理解，是对现实世界的第一层抽象，是用户和数据库设计人员之间进行交流的工具。这一类数据模型中最著名的是"实体－联系模型"。

逻辑数据模型是直接面向数据库的逻辑结构，是对现实世界的第二层抽象。这类数据模型直接与 DBMS 有关，一般也称为"结构数据模型"。这类数据模型有严格的形式化定义，以便于在计算机系统中实现。它通常有一组严格定义的无二义性语法和语义的数据库语言，人们可以用这种语言来定义、操纵数据库中的数据。结构数据模型应包含：数据结构、数据操作、数据完整性约束三部分。它主要有：层次、网状、关系三种模型。

2. 概念模型

概念模型用于信息世界的建模，是现实世界到信息世界的第一层抽象，是数据库设计人员进行数据库设计的有力工具，也是数据库设计人员和用户之间进行交流的语言。因此，概念模型一方面应该具有较强的语义表达能力，能够方便、直接地表达应用中的各种语义知识；另一方面它还应该简单、清晰、易于用户理解。

1）实体及其联系

（1）实体及其属性。现实世界中任何可以被认识、区分的事物称为实体。实体可以是人或物，可以是实际的对象，也可以是抽象的概念，比如一门课程或一个学生。实体所具有的特性叫做属性，一个实体可以由若干属性来描述。比如，学生实体可以有学号、姓名、性别、年龄等属性。具有相同属性的实体的集合称为实体集。例如，全体学生就是一个实体集。

（2）关键字（码）。在实体属性中，可以用来唯一标识某一个实体的属性或属性的最小组合称为该实体的关键字。例如，可以将学号作为学生实体的关键字，因为一旦学号取某一个值后，其他属性的值也就定下来了。因此，学号可以唯一的标识某一个学生，是学生实体的关键字。若某个实体的关键字有多个，则称这些关键字为候选关键字，选定其中的一个为主关键字。

（3）实体集。同型实体的集合称为实体集。例如，全体学生就是一个实体集。

（4）实体间的联系。现实世界中，事物是相互联系的，即实体间可能是有联系的，这种联系必然要在数据库中有所反映。

联系（Relationship）是实体之间的相互关系。这种联系主要表现为两种：一种是实体与实体之间的联系，另一种是实体集内部的联系。实体内部的联系通常是指组成实体的各属性之间的联系。实体之间的联系通常是指不同实体集之间的联系。

实体与实体间的联系可以分为三种类型：一对一联系、一对多联系和多对多联系。

- 一对一联系：假设联系的两个实体集 E1、E2，若 E1 中每个实体至多和 E2 中的一个实体有联系，反过来，E2 中每个实体至多和 E1 中的一个实体有联系，则 E1 和 E2 的联系称为"一对一联系"，记为"1：1"。例如，班级和班长之间的联系。一个班级有一个班长，一个班长也只能是某个班的班长，因此班级和班长之间是一对一的联系。

- 一对多联系：假设联系的两个实体集 E1、E2，若 E1 中每个实体可以和 E2 中任意个（零个和多个）实体有联系，而 E2 中每个实体至多和 E1 中一个实体有联系，则 E1 和 E2 的联系称为"一对多联系"，记为"1：N"。例如，部门和职工之间的联系。一个部门可以有多个职工，一个职工只在某个部门工作，因此部门和职工之间是一对多的联系。

- 一对一的联系可以看成是一对多联系的一个特例，即 N=1 的情况。

- 多对多联系：假设联系的两个实体集 E1、E2，若 E1 中每个实体可以和 E2 中任意个（零个和多个）实体有联系，反过来，E2 中每个实体可以和 E1 中任意个（零个和多个）实体有联系，则 E1 和 E2 的联系称为"多对多联系"，记为"M：N"。例如，学生和课程之间的联系。一个学生可以选修多门课程，同样地，一门课程也可以被多个学生选修，因此学生和课程之间是多对多的联系。

一对多联系是多对多联系的特例。

【实例 2-1】　学校里的班主任和班级之间（约定一个教师只能担任一个班级的班主任），由于一个班主任至多带一个班级，而一个班级至多有一个班主任，所以班主任和班级之间是一对一联系。学校里的班主任和学生之间，由于一个班主任可以带多个学生，而一个学生至多有一个班主任，所以班主任和学生之间是一对多联系。学校里的教师和学生之间，由于一个教师可以带多个学生，而一个学生可以有多个教师，所以教师和学生之间是多对多联系。

（5）实体集内的联系。以上讨论的是两个不同实体之间的联系，这两个实体属于不同的实体集。实际上，同一实体集内的各个实体之间也存在三种联系，即一对一、一对多和多对多的联系。

（6）三个或三个以上实体之间的联系。考虑"供应商"、"项目"和"零件"这三个实体之间的"使用"联系。一个供应商可以给多个项目供应多种零件；每个项目可以使用不同供应商供应的零件；每种零件可由不同的供应商供应。因此，"使用"联系是三个实体之间的多对多的联系，如图 2-1 所示。

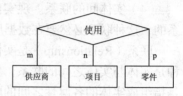

图2-1　三个实体之间的多对多联系

2）概念模型的表式方法（E-R 图）

概念模型是对信息世界建模，所以概念模型应该能够方便、准确地表示出上述信息世界中的常用概念。概念模型的表式方法很多，其中最为常用的是 P.P.S.Chen 于 1976 年提出的实体联系模型（Entity Relationship Model，简记为 E-R 模型）。这个模型直接从现实世界中抽象出实体及实体间联系，然后用实体联系图（E-R 图）表示数据模型。

E-R 图是直接表示概念模型的有力工具，提供了表示实体、属性和联系的方法。在 E-R 图中有以下四个基本成分。

- 矩形框：表示实体，并将实体名记入框中。
- 菱形框：表示联系，并将联系名记入框中。
- 椭圆形框：表示实体或联系的属性，并将属性名记入框中。对于实体标识符则在下面画一条横线。
- 连线：实体与属性之间，联系与属性之间用直线连接；实体与联系型之间也以直线相连，并在直线端部标注联系的类型（1：1、1：N 或 M：N）。

提示：如果一个联系具有属性，则这些属性也要用无向边与该联系连接起来。

【实例 2-2】　学生实体具有学号、姓名、性别、出生日期、入学时间等属性，用 E-R 图表示学生实体，如图 2-2 所示。

【实例 2-3】　用"供应量"来描述"供应"的属性，表示供应商供应了多少数量的零件给某个项目。那么这三个实体及其之间联系的 E-R 图表示如图 2-3 所示。

【实例 2-4】　为"学生选课系统"设计一个 E-R 模型。

（1）首先确定实体。本题有两个实体类型：学生，课程。

（2）确定联系。学生实体与课程实体之间有联系，且为 M：N 联系，命名为选课。

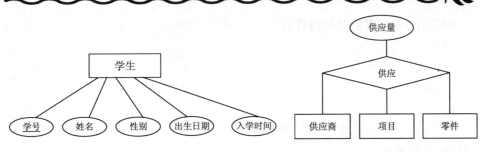

图 2-2　用 E-R 图表示学生实体　　　　图 2-3　联系的属性

（3）确定实体和联系的属性。学生实体的属性有：学号、班级、姓名、性别、出生日期、地址、电话、电子信箱，其中实体标识符为学号。课程实体的属性有：课程编号、课程名称、学分，其中实体标识符为课程编号。联系选课的属性是某学生选修某课程的成绩。

（4）按规则画出"学生选课系统"E-R 图，如图 2-4 所示。

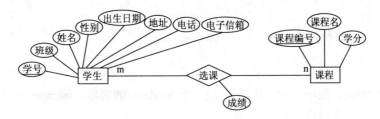

图 2-4　"学生选课系统"E-R 图

提示：联系中的属性是实体发生联系时产生的属性，而不应该包括实体的属性、实体标识符。

ER 模型有两个明显的优点：一是简单，容易理解，能够真实地反映用户的需求；二是与计算机无关，用户容易接受。因此，ER 模型已成为软件工程的一个重要设计方法。但是 ER 模型只能说明实体间语义的联系，不能进一步说明详细的数据结构。在数据库设计时，遇到实际问题总是先设计一个 ER 模型，然后再把 ER 模型转换成计算机能实现的结构数据模型，譬如关系模型。

3）对象定义语言（ODL）

对象定义语言 ODL：是用面向对象的术语来说明数据库结构的一种推荐的标准语言。主要用途是书写面向对象数据库的设计，进而将其直接转换成面向对象数据库管理系统（OODBMS）的说明。

- 对象：简单的说就是某种可观察的，可研究的实体。
- 类：具有相似特性的对象。
- 类的说明：在 ODL 中，说明一个类的简单形式是：

关键字：interface

类的名字

用花括号括起来的类的特性表

例如：

interface　〈名字〉{

〈特性表〉

}

举例：学生选课数据库中有学生 Student 类和课程 Course 类两个类，其简单的 ODL 说明如下。

```
interface Student {
attribute integer StudentNo;
attribute string StudentName;
attribute integer Age;
attribute string Dept;
}
interface Course {
attribute integer CourseNo;
attribute string CourseName;
attribute string Teacher;
}
```

(20020901，张华，19，化学系)是一个 Student 的对象，interger 是整型变量，CourseNo 是一个属性。

ODL：通过给出类的属性，联系和方法来描述面向对象的模型。

举例：学生选课数据库包括两个类，即学生类和课程类。

学生类包括学生的学号、姓名、年龄和所在的系别；课程类包括课程编号、课程名和授课教师。

关于两个类的描述如下：

```
interface Student {
attribute integer StudentNo;
attribute string StudentName;
attribute integer Age;
attribute string Dept;
};
interface Course {
attribute integer CourseNo;
attribute string CourseName;
attribute string Teacher;
}
```

在上述两个类的描述中，涉及了属性。例如，学生的姓名属性 StudentName 是一个字符类型的，该属性的值是某个学生的名字。

对于学生类，(200201，"张华"，19，"计算机系")就是一个对象。

对于课程类，(1001，"数据库"，"王明")就是一个对象。

3. 常用的数据模型

当前流行的基本数据模型有层次模型、网状模型、关系模型。它们之间的根本区别在于数据间的联系的表示方式不同（记录型之间的联系方式不同）。其中，层次模型和网状模型统称为非关系模型。

1）层次模型

层次模型（Hierarchical Model）是数据库系统中最早出现的数据模型。层次数据库系统采用层次模型作为数据的组织方式。层次数据库系统的典型代表是 IBM 公司的 IMS（Information Management System）信息管理系统，这是 1968 年 IBM 公司推出的第一个大型的商用数据库管理系统，曾经得到广泛的使用。

层次模型用树型（层次）结构表示各类实体及实体间的联系。树的节点是记录类型，每个节点代表一种实体类型，节点之间的连线表示记录类型间的联系。每个节点必须满足以下两个条件才能构成层次模型：

- 有且仅有一个节点无双亲，该节点称为根节点。
- 其他节点有且仅有一个双亲。

在层次模型中，根节点处在最上层，其他节点都有上一层节点作为其双亲节点，这些节点称为双亲节点的子节点；同一双亲节点的子节点称为兄弟节点；没有子节点的节点称为叶子节点。双亲节点与子节点之间具有实体间的一对多的联系，如图 2-5 所示。图 2-5 中，N1 是根节点，N2 和 N3 是 N1 的子节点，两者是兄弟节点，N2、N4 和 N5 没有子节点，是叶子节点。

从图 2-5 可以看出层次模型像一棵倒立的树，节点的双亲是唯一的。

层次模型的特点是数据模型比较简单，记录之间的联系通过指针来实现，操作方便，查询效率较高。与文件系统的数据管理方式相比，层次模型是一个

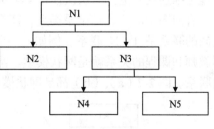

图 2-5　层次模型

飞跃。用户和设计者面对的是逻辑数据而不是物理数据，不必花费大量的精力考虑数据的物理细节。逻辑数据与物理数据之间的转换由 DBMS 完成。但层次模型有两个缺点：一是只能表示 1∶N 联系，虽然系统有多种辅助手段实现 M∶N 联系但较复杂，用户不易掌握；二是由于层次顺序的严格和复杂，引起数据的查询和更新操作很复杂，因此应用程序的编写也比较复杂。

【实例 2-5】　用层次模型描述一个仓库管理单位的库存、仓库、职工和订购单的相互关系，如图 2-6 所示。

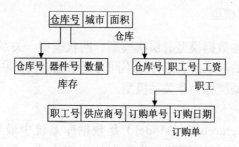

图 2-6　仓库管理的层次模型

图 2-6 所示层次模型有四个记录型。记录型仓库节点为根节点，库存和职工是仓库节点的子节点，订购单是职工节点的子节点，库存和订购单是子节点，每个节点是 1 个记录型实体；每个记录型实体有字段，记录型名和字段名不能同名。由仓库到库存，由仓库到职工，由职工到订购单均是一对多的联系。

2）网状模型

在现实世界中事物之间的联系更多的是非层次关系的，用层次模型表示非属性结构是很不直接的，网状模型则可以克服这一弊端。

用有向图结构表示实体及实体间联系的数据模型称为网状模型（Network Model）。网状模型是一种比层次模型更具有普遍性的结构，它去掉了层次模型的两个限制，允许多个节点没有双亲节点，允许节点有多个双亲节点。此外它还允许节点之间可以任意发生联系，能够表示复杂的联系。因此，网状模型可以更直接地去描述现实世界。层次模型实际上是网状模型的一个特例。

有向图中的节点是记录类型，箭头表示从箭尾的记录类型到箭头的记录类型之间的联系是 1：N 联系。例如，一个教师上多门课、一门课可由多个教师上，则教师和课程的关系就是网状模型。网状模型用来反映事物间的多对多（M：N）的联系。图 2-7（a）、（b）都是网状模型的例子。

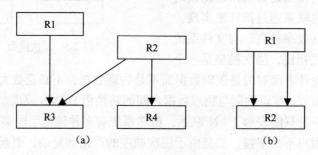

图 2-7　网状模型

网状模型的特点是记录之间的联系通过指针实现，M：N 联系也容易实现（一个 M：N 联系可拆成两个 1：N 联系），查询效率较高。网状模型的缺点是数据结构复杂和编程复杂，数据独立性较差。

1969 年，CODASYL 组织提出 DBTG 报告中的数据模型是网状模型的主要代表。网状模型有许多成功的 DBMS 产品，20 世纪 70 年代的 DBMS 产品大部分是网状系统，例如，Honeywell 公司的 IDS/Ⅱ，HP 公司的 IMAGE/3000，Burroughs 公司的 DMSⅡ，Univac 公司的 DMS1100，Cullinet 公司的 IDMS，CINCOM 公司的 TOTAL 等。

由于层次系统和网状系统的天生缺点，从 20 世纪 80 年代中期起其市场已被关系模型产品所取代。现在的 DBMS 基本都是关系模型产品。

3）关系模型

关系模型（Relational Model）是目前最重要的一种数据模型。关系数据库系统采用关系模型作为数据的组织方式。

关系模型的主要特征是用二维表格表示实体集，实体和实体间的联系都用关系表示。与前两种模型相比，关系模型数据结构简单，容易为初学者理解。

关系模型是若干个关系模式组成的集合。关系模式相当于文件，它的实例称为关系，每个关系实际上是一张二维表格，关系也称为表。表中的每一行称为一个元组，每一列称为一个属性。能够唯一地标识某一个元组的属性或最小属性的组称为关系的关键字。关系模式是对关系的描述，用关系名（属性名 1，属性名 2，…，属性名 n）来表示，在关系模式中，关键字用下画线表示。例如，有"学生"和"课程"两个实体，可以分别用以下关系模式来表示：

学生（学号，姓名，性别，出生日期）

课程（课程号，课程名，学分）

学生实体和课程实体之间存在选修联系，一个学生可以选修多门课程，一门课程可以被多个学生选修，因此，学生和课程之间的选修联系是多对多的联系。可以用以下关系模式来表示：

选修（学号，课程号，成绩）

其中，学号和课程号分别是学生实体和课程实体的关键字，成绩是选修联系本身的属性。

在层次和网状模型中联系是用指针实现的，而在关系模型中基本的数据结构是表格，记录之间联系是通过模式的关键码体现的。关系模型和层次、网状模型的最大差别是用关键码而不是用指针导航数据。关系型表格简单、易懂，用户只需用简单的查询语句就可以对数据库进行操作，并不涉及存储结构、访问技术等细节。关系模型是数学化的模型。由于把表格看成一个集合，因此，集合论、数理逻辑等知识可引入到关系模型中来。

2.1.2　数据模型的转换

 学习目标

➤　熟悉数据模型的转换原则
➤　掌握数据模型的转换方法

 相关知识

关系模式是一组二维表，而 E-R 图是由实体、实体的属性及实体之间的联系等要素组成。因此，要从 E-R 图导出关系数据模型，就是要将实体、属性和联系转换为关系模式。这种转换一般遵循如下原则。

1）实体转换

将每个实体类型转换为一个关系，实体的属性就是关系的属性，实体的关键字就是关系的关键字。

例如，学生实体可以转换为如下关系模式，其中学号为学生关系的关键字：

学生（学号，姓名，出生日期，所在系，年级，平均成绩）

2）联系转换

与该联系相连的各实体的码及联系的属性转化为关系的属性，该关系的码则有三种情况：

（1）联系为 1∶1。一个 1∶1 联系可以转换为一个独立的关系模式，也可以与任意一端对应的关系模式合并。

● 如果转换为一个独立的关系模式，则与该联系相连的各实体的码及联系本身的属性均转换为关系的属性，每个实体的码均是该关系的候选码。

● 如果与某一端对应的关系模式合并，则需要在该关系模式的属性中加入另一个关系模式的码和联系本身的属性。

【实例 2-6】　将图 2-8 所示的 1∶1 联系的关系模型转换为关系模式。

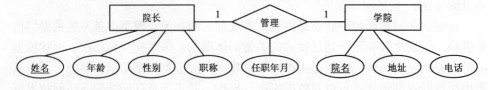

图 2-8　1∶1 联系

转换为如下的关系模式：

方案一：

院长（姓名，学院名称，年龄，性别，职称，任职年月）

学院（学院名称，地址，电话）

方案二：

学院（学院名称，院长姓名，地址，电话，任职年月）

院长（姓名，学院名称，年龄，性别，职称）

（2）联系为 1：N。一个 1：N 联系可以转换为一个独立的关系模式，也可以与 n 端对应的关系模式合并。

- 如果转换为一个独立的关系模式，则与该联系相连的各实体的码及联系本身的属性均转换为关系的属性，而关系的码为 n 端实体的码。
- 如果与 n 端对应的关系模式合并，则在 n 端实体对应模式中加入 1 端实体所对应关系模式的码，以及联系本身的属性。关系的码为 n 端实体的码。

【实例 2-7】 将图 2-9 所示的 1：N 联系的关系模型转换为关系模式。

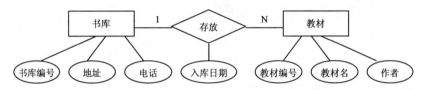

图 2-9　1：N 联系

转换为如下所示的关系模式：

书库（书库编号，地址，电话）

教材（教材编号，书库编号，教材名，作者，入库日期）

（3）联系为 M：N。一个 M：N 联系转换为一个关系模式。与该联系相连的各实体的码及联系本身的属性均转换为关系的属性。关系的码为各实体码的组合。

例如，"选修"联系是一个 M：N 联系，可以将它转换为如下关系模式，其中学号与课程号为关系的组合码：

选修（学号，课程号，成绩）

三个或三个以上实体间的一个多元联系转换为一个关系模式。与该多元联系相连的各实体的码及联系本身的属性均转换为关系的属性。关系的码为各实体码的组合。

3）同一实体集的实体间的联系

可将该实体集拆分为相互联系的两个子集，根据他们相互间不同的联系方式按上述 1：1、1：N 和 M：N 三种情况分别处理。

4）具有相同码的关系模式可合并

为了减少系统中的关系个数，如果两个关系模式具有相同的主码，可以考虑将他们合并为一个关系模式。合并方法是将其中一个关系模式的全部属性加入到另一个关系模式中，去掉其中的同义属性（可能同名也可能不同名），并适当调整属性的次序。

【实例 2-8】　将实例 2-4 的 E-R 模型转换为关系模型。

转换的方法是把 E-R 图中的实体和 M∶N 的联系分别转换成关系模式，同时在实体标识符下加一横线表示关系模式的关键码。联系关系模式的属性为与之联系的实体类型的关键码和联系的属性，关键码为与之联系的实体类型的关键码的组合。

本题有两个实体类型：学生 s，课程 c。实体 s 与实体 c 之间有联系，且为 M∶N 联系，命名为 sc。实体 s 的属性有：学号 sno、班级 class、姓名 sname、性别 sex、出生日期 birthday、地址 address、电话 telephone、电子信箱 email，其中实体标识符为 sno。实体 c 的属性有：课程编号 cno、课程名称 cname、学分 credit，其中实体标识符为 cno。联系 sc 的属性是某学生选修某课程的成绩 score。

表 2-1 为"学生选课系统"的关系模型。

表 2-1　"学生选课系统"关系模型

学生关系模式	s（<u>sno</u>, class, sname, sex, birthday, address, telephone, email）
课程关系模式	c（<u>cno</u>, cname, credit）
选课关系模式	sc（<u>sno</u>, <u>cno</u>, score）

2.1.3　数据库的建立

学习目标

➢　掌握用 T-SQL 创建 SQL Server 2000 数据库
➢　掌握用 SQL-EM 创建 SQL Server 2000 数据库
➢　掌握使用数据库向导创建数据库
➢　掌握数据库的修改方法
➢　掌握数据库的删除方法

相关知识

1. 创建数据库

使用 SQL Server 2000 管理数据的第一步是创建数据库。在数据库中才可以进一步创建各种数据对象。创建数据库需要一定许可，在默认情况下，只有系统管理员和数据库拥有者可以创建数据库。当然，也可以授权其他用户。数据库被创建后，创建数据库的用户自动成为该数据库的所有者。

在 SQL Server 2000 中，有多种方法可以创建数据库。一种是使用企业管理器建立数据库，此方法直观简单，以图形化的方式完成数据库的创建和数据库属性的设置；另一种是在 SQL Server 查询分析器中使用 Transact-SQL 命令创建数据库，此方法使用 Transact-SQL 命令创建数据库和设置数据库的属性。此外，利用系统提供的创建数据库向导也可以创建数据库。

创建用户数据库之前，必须先确定数据库的名称、数据库所有者、初始大小、数据库文件增长方式、数据库文件的最大允许增长的大小，以及用于存储数据库的文件路径和属性等。

下面将分别介绍三种创建数据库的方法。

1）使用 SQL 语句

SQL 查询分析器是交互式图形工具，它使数据库管理或开发人员能够编写查询、同时执行多个查询、查看结果、分析查询计划和获得提高查询性能的帮助。用户可以单击"工具"→"查询分析器"进入查询分析器；也可以通过单击"程序"→"Microsoft SQL Server"→"查询分析器"进入查询分析器。

使用 SQL 查询分析器创建数据库，其实就是在查询分析器的编辑窗口中使用 CREATE DATABASE 等 Transact-SQL（T-SQL）语句并运行 Transact-SQL 命令来创建数据库，其基本语法格式为：

```
CREATE DATABASE <数据库名>
[ON
{[PRIMARY]（NAME=<数据文件逻辑文件名>,
FILENAME='<数据文件物理文件名>'
[,SIZE=<数据文件大小>]
[,MAXSIZE=<数据文件最大尺寸>]
[,FILEGROWTH=<数据文件增量>]）
}[,…n]
]
[LOG ON
{（NAME=<逻辑文件名>,
FILENAME='<事务日志文件逻辑文件名>'
[,SIZE=<事务日志文件大小>]
[,MAXSIZE=<事务日志文件最大尺寸>]
[,FILEGROWTH=<事务日志文件增量>]）
}[,…n]
]
[FOR RESTORE]
```

【实例 2-9】　使用 CREATE DATABASE 创建一个 student1 数据库，所有参数均取默认值。

（1）启动"查询分析器"，输入 SQL 语句，如图 2-10 所示。

（2）按"F5"键或单击工具栏"执行查询"图标▶执行 SQL 语句，如图 2-10 所示。

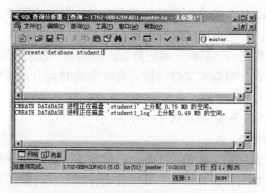

图 2-10　创建数据库 student1

> **提示：** 这是最简单的创建数据库的命令。在没有指定主文件和日志文件的默认情况下，命名主文件为 student1.mdf，日志文件为 student1_log.ndf。同时，按照 Model 数据库的方式来创建的数据库，主文件和日志文件的大小与 Model 数据库的主文件和日志文件的大小相同。由于没有指定主文件和日志文件的最大尺寸，主文件和日志文件都可以自由增长直到充满整个硬盘空间。

【实例 2-10】　在 D 盘 example 文件夹下创建一个 student 数据库，主文件名 student_data.mdf，事务日志文件名 student_log.ldf。

（1）启动"查询分析器"，输入 SQL 语句，如图 2-11 所示。

图 2-11　创建数据库 student

（2）按 "F5" 键或单击工具栏 "执行查询" 图标执行 SQL 语句。

【实例 2-11】 在 D 盘 example 文件夹下创建一个名为 Educational 的数据库，其主文件大小为 10MB，最大容量为 20MB，文件大小增长率为 10%。日志文件的大小为 2MB，最大容量为 6MB，文件增长量为 1MB。

在查询分析器中输入 SQL 语句并执行，如图 2-12 所示。

图 2-12　创建数据库 Educational

【实例 2-12】 在 D 盘 example 文件夹下创建一个 customer 数据库，包含一个数据文件和一个事务日志文件。主数据文件的逻辑文件名为 customer，实际文件名为 customer.mdf，初始容量为 10MB，最大容量为 50MB，自动增长时的递增量为 2MB。事务日志文件的逻辑文件名为 customer_log，实际文件名为 customer_log.1df，初始容量为 5MB，最大容量为 30MB，自动增长时的递增量为 1MB。

在查询分析器中输入 SQL 语句并执行，如图 2-13 所示。

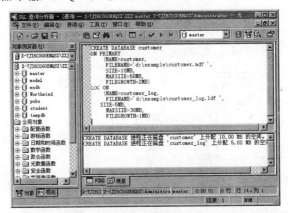

图 2-13　创建数据库 customer

【实例 2-13】　　在 D 盘 example 文件夹下创建一个 archive 数据库，包含三个数据文件和两个事务日志文件。主数据文件的逻辑文件名为 arch1，实际文件名为 archdat1.mdf，两个次数据文件的逻辑文件名分别为 arch2 和 arch3，实际文件名分别为 archdat2.ndf 和 archdat3.ndf。两个事务日志文件的逻辑文件名分别为 archlog1 和 archlog2，实际文件名分别为 archklog1.1df 和 archklog2.1df。上述文件的初始容量均为 5MB，最大容量均为 50MB，递增量均为 1MB。

在查询分析器中输入 SQL 语句并执行，如图 2-14 所示。

图 2-14　创建数据库 archive

2）使用 SQL-EM

这里以创建"student"数据库为例，介绍在 SQL-EM 中如何创建数据库，操作步骤如下。

（1）启动 SQL-EM，指向左侧窗口的"数据库"节点，单击鼠标右键，打开快捷菜单，选择"新建数据库"命令，如图 2-15 所示。

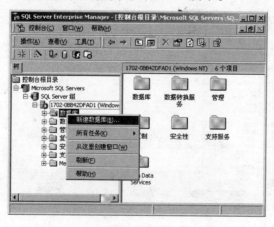

图 2-15　新建数据库

（2）打开"数据库属性"对话框，在常规选项卡中输入要建立的数据库的名字，这里输入"student"，如图2-16所示。

（3）选择"数据文件"选项卡可以指定创建数据库的数据文件的详细信息，包括数据库文件文件名、位置、初始大小、文件组等信息，以及数据库文件的增长幅度和数据库文件的最大值，如图2-17所示。

图2-16　数据库属性——"常规"选项卡　　图2-17　数据库属性——"数据文件"选项卡

（4）"数据库文件"框中为所有构成该数据库的数据文件的文件名、存储位置、初始容量和所属文件组。其中第一个文件为主数据文件，要增加次数据文件可以单击下一行后输入有关信息。"文件属性"框中可以指定当数据超过该数据文件的初始容量时该数据文件增长的方式。"最大文件大小"框可以指定该数据文件的最大容量。此处仅将主数据文件"student_Data.mdf"的存储位置指定到"d:\example"，其他使用默认选项。单击"事务日志"选项卡可以指定数据库的事务日志文件的详细信息，如图2-18所示。

图2-18　数据库属性——"事务日志"选项卡

（5）"事务日志"选项卡的设置方法与"数据文件"设置方法类似。此处仅将事务日志文件"student_Log.ldf"的存储位置指定到"d:\example"，其他使用默认选项。

（6）单击"确定"按钮，完成数据库的创建，如图 2-19 所示。

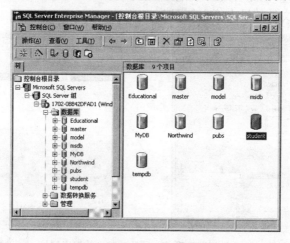

图 2-19　创建 student 数据库

提示：通常除设置数据文件和事务日志文件的存储放置外，一般取默认值。

3）使用向导

使用创建数据库向导创建数据库的步骤如下。

（1）启动 SQL-EM，展开左侧窗口要创建数据库的服务器。

（2）选择"工具"菜单"向导"命令，打开"选择向导"对话框，如图 2-20 所示。

（3）展开"数据库"文件夹，选择"创建数据库向导"命令，打开"创建数据库向导"对话框，如图 2-21 所示。

图 2-20　　"选择向导"对话框　　　　　图 2-21　　"创建数据库向导"对话框

（4）单击"下一步"按钮，打开数据库命名对话框。在"数据库名称"框中输入数据库的名称，"数据库文件位置"框中选择数据库文件存储位置及"事务日志文件位置"框中选择事务日志文件存储位置，如图 2-22 所示。

（5）单击"下一步"按钮，打开"命名数据库文件"对话框，输入主数据文件的名称及初始大小，如图 2-23 所示。

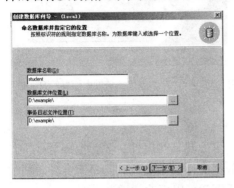
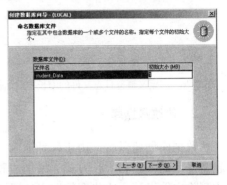

图 2-22　　"命名数据库"对话框　　　　　图 2-23　　"命名数据库文件"对话框

（6）单击"下一步"按钮，打开"定义数据库文件的增长"对话框。在对话框中可以设置数据文件的详细信息，如图 2-24 所示。

（7）单击"下一步"按钮，打开"命名事务日志文件"对话框。在对话框中输入事务日志文件的文件名及其初始大小，如图 2-25 所示。

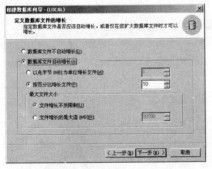
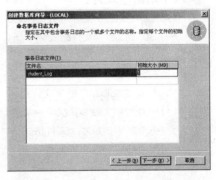

图 2-24　　"定义数据库文件的增长"对话框　　图 2-25　　"命名事务日志文件"对话框

（8）单击"下一步"按钮，打开"定义事务日志文件的增长"对话框。在该对话框中可以设置事务日志文件的详细信息，如图 2-26 所示。

（9）单击"下一步"按钮，打开"正在完成创建数据库向导"对话框。在该对话框中列出了数据库名、数据库文件名及其存放位置、事务日志文件名及其存放位置，以及数据库文件和事务日志文件的增长方式等信息，如图 2-27 所示。若需修改，可单击"上一步"按钮修改。

（10）单击"完成"按钮完成数据库的创建。

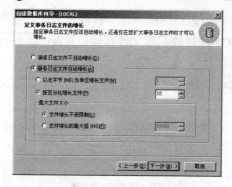　

图 2-26　"定义事务日志文件的增长"对话框　图 2-27　"正在完成创建数据库向导"对话框

2. 修改数据库

数据库创建以后，由于种种原因可能要更改其某些属性，如数据库文件（日志文件）的大小和增长方式、增加或删除数据文件、增加或删除日志文件、增加或删除文件组等，这些在数据库的属性对话框就可以更改。

1）使用 SQL 语句

ALTER DATABASE 语句可以在数据库中添加或删除文件和文件组，也可以用于更改文件和文件组的属性，例如，更改文件的名称和大小。ALTER DATABASE 提供了更改数据库名称、文件组名称及数据库文件和日志文件的逻辑名称的功能。

其基本语法格式为：

```
ALTER DATABASE <数据库名>
{ADD FILE <文件格式>[,...n] [TO FILEGROUP <文件组名>]
|ADD LOG FILE <文件格式>[,...n]
|REMOVE FILE <逻辑文件名>
|ADD FILEGROUP <文件组名>
|REMOVE FILEGROUP <文件组名>
|MODIFY FILE <文件格式>
|MODIFY FILEGROUP <文件组名> <文件组属性>
}
<文件格式>::=
(NAME=<逻辑文件名>
[,FILENAME='<物理文件名>']
[,SIZE=<文件大小>]
[,MAXSIZE={<文件最大尺寸>|UNLIMITED}]
[,FILEGROWTH=<文件增量>])
```

其中，ADD FILE 子句指定要添加的数据文件，TO FILEGROUP 子句指定将文件添加到哪个文件组中，ADD LOG FILE 子句指定添加的日志文件，REMOVE FILE 子句指定从数据库中删除文件，ADD FILEGROUP 子句指定添加的文件组，

REMOVE FILEGROUP 子句指定从数据库中删除文件组并删除该组中的所有文件，MODIFY FILE 子句指定如何修改所给文件（包括 FILENAME、SIZE、FILEGROWTH 和 MAXSIZE 等选项，且一次只能修改一个选项），MODIFY FILEGROUP 子句指定将文件组属性应用于该文件组。

【实例 2-14】 将实例 2-12 中的数据库 customer 的主数据文件 customer 的大小调整为 20MB。

在查询分析器中输入 SQL 语句并执行，如图 2-28 所示。

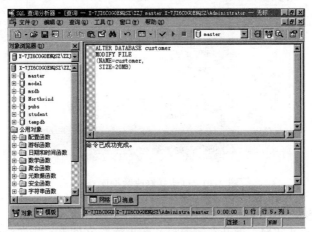

图 2-28 实例 2-14 修改数据库 customer

【实例 2-15】 将实例 2-12 中的数据库 customer 增加一个次数据文件 customer_1.ndf。

在查询分析器中输入下列 SQL 语句并执行，如图 2-29 所示。

图 2-29 实例 2-15 修改数据库 customer

【实例 2-16】 首先创建一个名为 test 的数据库，其主数据文件的逻辑文件名和实际文件名分别为 testdatl 和 tdatl.mdf。然后向该数据库中添加一个次数据文件，其逻辑文件名和实际文件名分别为 testdat2 和 tdat2.ndf。两个数据库文件的初始容量均为 5MB，最大容量均为 10MB，递增量均为 20%。

在查询分析器中输入下列 SQL 语句并执行，如图 2-30 所示。

图 2-30　创建并修改数据库 test

2）使用 SQL-EM

（1）启动 SQL-EM，展开左侧窗口"数据库"文件夹，指向修改的数据库节点，单击鼠标右键，打开快捷菜单，选择"属性"命令，打开数据库属性对话框，如图 2-31 所示。

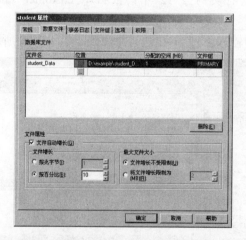

图 2-31　"student 属性"——"数据文件"选项卡

（2）单击"数据文件"选项卡，可以对构成该数据库的数据文件进行修改。单击"事务日志"选项卡，可以对构成该数据库的事务日志文件进行修改。其他选项卡的使用与此类似。

（3）单击"确定"按钮，完成对指定数据库的修改。

3. 删除数据库

数据库一旦被删除，它的所有信息，包括文件和数据均被从磁盘上物理删除。在 SQL Server 2000 中，可以使用 SQL-EM、SQL 语句等方式删除数据库。

1）使用 SQL 语句

删除数据库不仅可以在企业管理器中进行，也可以通过 T-SQL 的 DROP DATABASE 语句进行删除。不同的是，企业管理器一次只能删除一个数据库，而用 SQL 语句一次可以删除多个数据库。删除数据库语句的基本语法格式为：

DROP DATABASE <数据库名>[,…n]

若一次要删除多个数据库，则各个数据库名之间用逗号隔开。

提示： 不能删除系统数据库和正在使用的数据库。

【实例 2-17】 删除数据库 test。

在 SQL 查询分析器中输入下列 SQL 语句并执行，如图 2-32 所示。

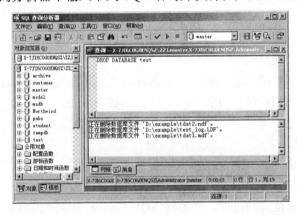

图 2-32 删除数据库 test

提示： 删除的数据库除非做了备份，否则无法恢复。

2）使用 SQL-EM

在企业管理器中删除数据库比较方便，具体操作步骤如下：

（1）启动 SQL-EM，指向左侧窗口要删除的数据库节点，单击右键，打开快捷菜单，选择"删除"命令，打开"删除数据库"对话框，如图 2-33 所示。

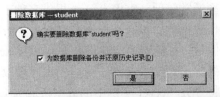

图 2-33 "删除数据库——student"对话框

（2）单击"是"按钮，指定数据库将被删除。

值得注意的是，用这种方法删除数据库，一次只能删除一个数据库。若要删除多个数据库，必须一个一个进行。

2.2　数据转换服务

2.2.1　数据导入/导出的概念

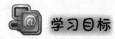 **学习目标**

➤　掌握数据导入的概念
➤　掌握数据导出的概念

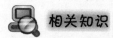 **相关知识**

SQL Server 中的数据传输的工具，例如导入/导出向导、DTS 设计器等可以将数据从一个数据环境传输到另一个数据环境。这里所说的数据环境种类较多，它有可能是一种应用程序，可能是不同厂家的数据库管理系统，也可能是文本文件、电子表格或电子邮件等。将数据从一个数据环境传输到另一个数据环境就是数据的导入/导出。

导入数据是从 SQL Server 的外部数据源（如 ASCII 文本文件）中检索数据，并将数据插入到 SQL Server 表的过程。导出数据是将 SQL Server 实例中的数据析取为某些用户指定格式的过程。例如将 SQL Server 表中的内容复制到 Microsoft Access 数据库中。

将数据从外部数据源导入 SQL Server 实例很可能是建立数据库后要执行的第一步。数据导入 SQL Server 数据库后，即可开始使用该数据库。

将数据导入 SQL Server 实例可以是一次性操作。例如将另一个数据库系统中的数据迁移到 SQL Server 实例。在数据迁移完成后，该 SQL Server 数据库将直接用于所有与数据相关的任务，而不再使用原来的系统，不需要进一步导入数据。

导出数据的发生频率通常较低。SQL Server 提供多种工具和功能，应用程序可以直接连接并进行操作数据，而不必在操作数据前先将所有数据从 SQL Server 实例复制到该工具中。但是，可能需要定期将数据从 SQL Server 实例导出。在这种情况下，可以将数据线导出到文本文件，由应用程序读取，或者采用特殊方法复制数据。例如，可以将 SQL Server 实例中的数据析取为 Excel 电子表格格式，并将其存储在便携式计算机中，以便日后在商务旅行中使用。

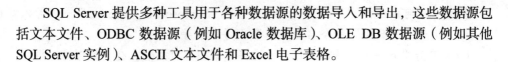

　　SQL Server 提供多种工具用于各种数据源的数据导入和导出，这些数据源包括文本文件、ODBC 数据源（例如 Oracle 数据库）、OLE DB 数据源（例如其他 SQL Server 实例）、ASCII 文本文件和 Excel 电子表格。

2.2.2　数据库间数据导入/导出

 学习目标

　　➢　掌握数据库导入数据的方法
　　➢　掌握数据库导出数据的方法

 操作步骤

　　SQL Server 2000 中提供多种工具来完成数据的导入/导出，例如 DTS 导入/导出向导、DTS 设计器、DTS 大容量插入数据、bcp 大容量复制程序等。由于使用图形界面的"DTS 导入/导出向导"直观、简单，帮助用户交互地建立包，从而在具有 OLE DB 和 ODBC 驱动程序的源和目标数据源之间可以方便地使用 DTS 进行数据的导入、导出和转换。DTS 导入/导出向导分为数据导入和数据导出两个工具。下面先通过实例介绍如何使用"DTS 导入/导出向导"完成数据的导入、导出。

1．数据导入

　　【实例 2-18】　使用 DTS 来完成将 Access 的数据库 student.mdb 中的数据导入到数据库 student 中的整个过程。

　　（1）启动 SQL-EM，指向左侧窗口要导入数据的数据库节点，此处为"student"节点。单击右键，打开快捷菜单，选择"所有任务"→"导入数据"命令，打开"DTS 导入/导出向导"对话框，如图 2-34 所示。

图 2-34　"DTS 导入/导出向导"对话框

提示：也可以选择"开始"→"程序"→"Microsoft SQL Server"→"导入
　　　和导出数据"命令启动数据导入/导出向导。

（2）单击"下一步"按钮，打开"选择数据源"对话框。在"数据源"框中
选择数据源类型，此处为"Microsoft Access"。在"文件名"框中指定目标文件，
此处为"D:\example\student_acess.mdb"，如图 2-35 所示。

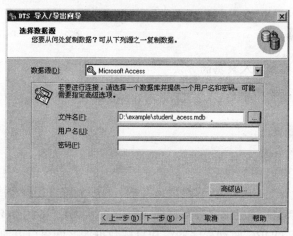

图 2-35　　"选择数据源"对话框

（3）单击"下一步"按钮，打开"选择目的"对话框。在"目的"框中选择
导出数据的数据格式类型，此处为"用于 SQL Server 的 Microsoft OLE DB 提供程
序"。在"数据库"框中选择源数据库，此处为"student"，如图 2-36 所示。

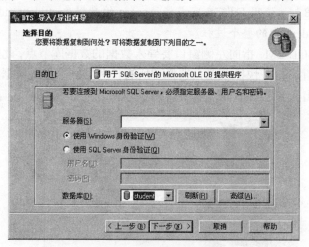

图 2-36　　"选择目的"对话框

（4）单击"下一步"按钮，打开"指定表复制或查询"对话框，如图 2-37 所
示。选择导入数据的数据来源，此处为"从源数据库复制表和视图"。

（5）单击"下一步"按钮，打开"选择源表和视图"对话框，如图 2-38 所示。选择导入数据的表，此处为导入所有表中的数据，故单击"全选"按钮。

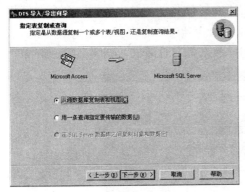 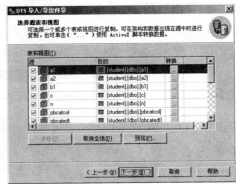

图 2-37 "指定表复制或查询"对话框   图 2-38 "选择源表和视图"对话框

（6）单击"下一步"按钮，打开"保存、调度和复制包"对话框，如图 2-39 所示。选择是否立即导出数据和是否存储 DTS 包并指定执行计划，此处选择"立即运行"。

（7）单击"下一步"按钮，打开"正在完成 DTS 导入/导出向导"对话框，如图 2-40 所示。

（8）单击"完成"按钮，完成数据导入。

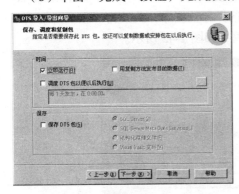 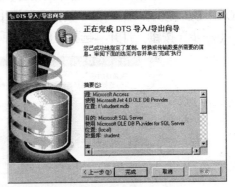

图 2-39 "保存、调度和复制包"对话框   图 2-40 "正在完成 DTS 导入/导出向导"对话框

2. 数据导出

SQL Server 不仅可以将数据导入，而且也可以将数据导出到其他的数据库、文本文件或 Excel 表格等。下面将介绍使用 DTS 将 SQL Server 数据库中的数据导出到 Access 数据库的过程。

【实例 2-19】 将数据库 student 中的数据导入到 Access 的数据库 student_access 中。

　　启动"Microsoft　Access"，创建一个新的空数据库 student_access。

　　启动 SQL-EM，指向左侧窗口要导出数据的数据库节点，此处为"student"节点。单击右键，打开快捷菜单，选择"所有任务"→"导出数据"命令，打开"DTS 导入/导出向导"对话框，如图 2-34 所示。

　　（1）单击"下一步"按钮，打开"选择数据源"对话框，如图 2-41 所示。

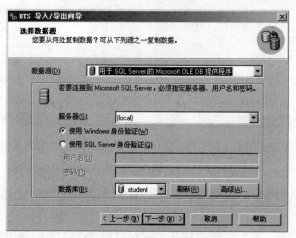

图 2-41　　"选择数据源"对话框

　　（2）在"数据源"框中选择数据源类型，此处为"用于 SQL Server 的 Microsoft OLE DB 提供程序"。在"数据库"框中选择源数据库，此处为"student"。单击"下一步"按钮，打开"选择目的"对话框，如图 2-42 所示。

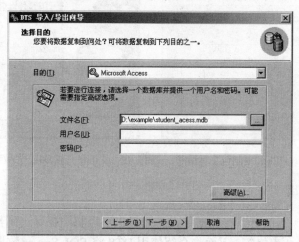

图 2-42　　"选择目的"对话框

　　（3）在"目的"框中选择导出数据的数据格式类型，此处为"Microsoft Access"。在"文件名"框中指定目标文件，此处为"D:\example\student_access.mdb"。由于访问 Access 数据库可以不需要用户名和密码，所以"用户名"及"密码"可以为空。单击"下一步"按钮，打开"指定表复制或查询"对话框，如图 2-43 所示。

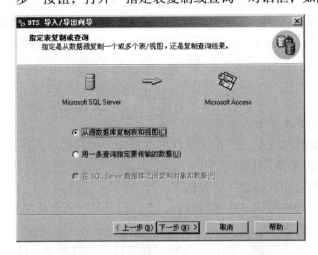

图 2-43 "指定表复制或查询" 对话框

（4）选择导出数据的数据来源，此处为"从源数据库复制表和视图"。单击"下一步"按钮，打开"选择源表和视图"对话框，如图 2-44 所示。

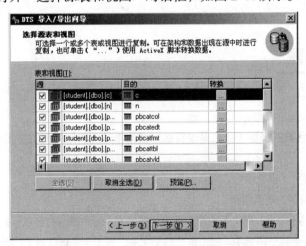

图 2-44 "选择表和视图"对话框

（5）选择导出数据的表，此处为导出所有表中的数据，故单击"全选"按钮。单击"下一步"按钮，打开"保存、调度和复制包"对话框，如图 2-39 所示。

（6）选择是否立即导出数据和是否存储 DTS 包并指定执行计划，此处选择"立即运行"。单击"下一步"按钮，打开"正在完成 DTS 导入/导出向导"对话框，如图 2-40 所示。

（7）单击"完成"按钮，完成数据导出。

3. 利用数据导入/导出转移数据库

使用数据导入/导出，也可以完成在不同数据库服务器之间转移数据库。实际上，附加数据库是 SQL Server 2000 新增功能，在 SQL Server 2000 前期版本中，可以使用数据导入/导出完成在不同数据库服务器之间的数据库转移。

（1）复制数据库结构。在 SQL-EM 中，指向左侧窗口要复制的源数据库节点，单击右键，打开快捷菜单，选择"所有任务"→"生成 SQL 脚本"命令，生成能够创建源数据库结构的脚本文件。

（2）导出数据库数据。使用 DTS 将源数据库中的数据导出到任一格式的目标文件（如 Access 文件）中。

（3）创建数据库。创建目的数据库。

（4）生成数据库结构。在查询分析器中，打开并执行创建数据库结构的脚本文件，生成指定数据库。

（5）导入数据库数据。使用 DTS 将目标文件中的数据导入目的数据库。

提示： 生成创建数据库结构的脚本文件时，必须在"生成 SQL 脚本"对话框的"选项"选项卡选中"安全性脚本和表脚本相关"选项，否则恢复的数据库将丢失数据完整性约束、触发器和索引等。

本章习题

1. 简述数据模型的概念。

2. 什么是概念数据模型？什么是逻辑数据模型？列出常用的概念数据模型和逻辑数据模型。

3. 简述 ER 模型、层次模型、网状模型、关系模型的主要特点。

4. 简述数据模型的转换原则。

5. 学校中有若干个系。每个系由若干班级和教研室，每个教研室有若干教员，其中有的教授和副教授每人各带若干研究生。每个班有若干学生，每个学生选修若干门课程，每门课程可由若干学生选修。请用 E-R 图画出此学校的概念模型。

6. 设某商业集团有三个实体集。一是"商品"实体集，属性有商品号、商品名、规格、单价等；二是"商店"实体集，属性有商店号、商店名、地址等；三是"供应商"实体集，属性有供应商编号、供应商名、地址等。同时，供应商与商品之间存在"供应"联系，每个供应商可供应多种商品，每种商品可向多个供应商订购，每个供应商供应每种商品有月供应量；商店与商品间存在"销售"联系，每个商店可销售多种商品，每种商品可在多个商店销售，每个商店销售每种商品有月计划数。试画出反映上述问题的 E-R 图，并将其转换成关系模型。

7. 如何使用企业管理器创建数据库？

8. 如何使用 T-SQL 语句创建数据库？

9. 使用企业管理器创建名为 teacher 的数据库，并设置数据库主文件名为 teacher_data，大小为 10MB，日志文件名为_log，大小为 2MB。

10. 利用数据导入/导出可以完成哪些功能。

11. 数据导入和数据导出的含义是什么？

12. 将 student 数据库中的 sc 表导出至一个新创建的 Acess 数据库中。

13. 试导入一个文本文件到 SQL Server 数据库中。

第3章 数据库内容更新和维护

内容提要 本章主要介绍了表的概念、索引的概念、完整性的概念、数据类型、T-SQL 运算符、函数、查询、子查询等概念。

重点难点 操作技能的表的建立和维护、索引的创建、数据编辑和更新、SELECT 语句使用。

3.1 数据定义

3.1.1 表的创建

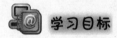 学习目标

➢ 理解表的概念
➢ 熟悉数据类型
➢ 掌握表的创建方法

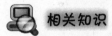 相关知识

1. 表的概念

表（即关系）是关系数据库中用于存储数据的数据对象。数据只能存储在表中。SQL Server 2000 中有两类表：一类是系统表，是在创建数据库时由 Model 库复制得到的；另一类是用户表。要用数据库存储数据，首先必须创建用户表。

【实例 3-1】 为"学生选课系统"设计名称为 student 的数据库，用于存储数据。

（1）设计表。由实例 2-8 可见，"学生选课系统"包括三张表。

学生表：s（sno, class, sname, sex, birthday, address, telephone, email）。

课程表：c（cno, cname, credit）。

选课表：sc（<u>sno，cno</u>，score）。

（2）设计数据库。将数据库命名为 student，同时由于本系统数据量有限，设计的数据库由一个主数据文件和一个事务日志文件构成，并将数据库存储在"d:\example"。实际上，实例 2-10 已创建了数据库 student。

2. 数据类型

所谓数据类型是指数据的种类。在创建表的字段时，必须为其指定数据类型。字段的数据类型决定了数据的取值、范围和存储格式。

计算机中的数据有两种特征：类型和长度。下面列举 SQL Server 2000 中最常用的数据类型。

1）数值类型

数值类型包括整型和实型两类。

整型包括：

（1）bigint：占 8 字节的存储空间，存储数据范围为 $-2^{63} \sim 2^{63}-1$ 之间的所有正负整数。

（2）Int（或 integer）：占 4 字节的存储空间，存储数据范围为 $-2^{31} \sim 2^{31}-1$ 之间的所有正负整数。

（3）smallint：占 2 字节的存储空间，存储数据范围为 $-2^{15} \sim 2^{15}-1$ 之间的所有正负整数。

（4）tinyint：占 1 字节的存储空间，存储数据范围为 $0 \sim 255$ 之间的所有正整数。

实型包括：

（1）decimal ［（p ［,s］）］：小数类型。其中，p 为数值总长度（即精度），包括小数位数，但不包括小数点，范围为 $1 \sim 38$。s 为小数位数。默认 decimal（18,0），占 $2 \sim 17$ 字节的存储空间，存储数据范围为 $-10^{38}-1 \sim 10^{38}-1$ 之间的数值。其字节数与精度的关系如表 3-1 所示。

（2）numeric ［（p ［,s］）］：与 decimal ［（p ［,s］）］ 等价。

（3）float ［（n）］：浮点类型。占 8 字节的存储空间，存储数据范围为 $-1.79E-308 \sim 1.79E+308$ 之间的数值，精确到第 15 位小数。

（4）real：浮点类型。占 4 字节的存储空间，存储数据范围为 $-3.40E-38 \sim 3.40E+38$ 之间的数值，精确到第 7 位小数。

表 3-1　decimal 数据类型精度与字节数

精　度	字 节 数	精　度	字 节 数
1～2	2	8～9	5
3～4	3	10～12	6
5～7	4	13～14	7

精　　度	字 节 数	精　　度	字 节 数
15～16	8	27～28	13
17～19	9	29～31	14
20～21	10	32～33	15
22～24	11	34～36	16
25～26	12	37～38	17

2）字符串类型

（1）char［（n）］：定长字符串类型。其中，n 为长度，范围为 1～8000，即可容纳 8000 个 ANSI 字符。若字符数小于 n，系统自动在末尾添加空格。若字符数大于 n，系统自动截断超出部分。默认 char（10）。

（2）varchar［（n）］：变长字符串类型。与 char 不同的是，varchar 存储长度为实际长度，即自动删除字符串尾部空格后存储。默认 char（50）。

（3）text：文本类型，实际也是变长字符串类型，存储长度超过 char（8000）的字符串，理论范围为 $1～2^{31}-1$ 个字节，约 2GB。

字符串类型常量两端应加单引号。

由于 varchar 类型数据长度可以变化，处理时速度低于 char 类型数据，因此存储长度大于 50 的字符串的数据应定义为 varchar 类型。

3）逻辑类型

bit：占 1 字节的存储空间，其值为 0 或 1。当输入 0 和 1 以外的值时，系统自动转换为 1。通常存储逻辑量，表示真与假。

4）二进制类型

（1）binary［（n）］：定长二进制类型。占 n+4 字节的存储空间。其中，n 为数据长度，范围为 1～8000。默认 binary（50）。

（2）varbinary［（n）］：变长二进制类型。与 binary 不同的是，varbinary 存储长度为实际长度。默认 binary（50）。

（3）image：大量二进制类型，实际也是变长二进制类型。通常用于存储图形等 OLE（Object Linking and Embedding，对象连接和嵌入）对象，理论范围为 1～$2^{31}-1$ 个字节。

二进制类型常量应以 0x 做前缀。

5）日期时间类型

SQL Server 2000 的日期时间类型数据同时包含日期和时间信息，没有单独的日期类型或时间类型。

（1）datetime：占 8 字节的存储空间，范围为 1753 年 1 月 1 日～9999 年 12 月 31 日，精确到 1/300s。

（2）smalldatetime：占 4 字节的存储空间，范围为 1900 年 1 月 1 日～2079 年 12 月 31 日，精确到分。

日期时间类型常量两端应加单引号。如果只指定日期，则时间默认 12:00:00:000AM；如果只指定时间，则日期默认 1900 年 1 月 1 日。如果省略世纪，当年份大于等于 50 默认 20 世纪，小于 50 默认 21 世纪。

6）货币类型

（1）money：占 8 字节的存储空间，具有 4 位小数，存储数据范围为$-2^{63}\sim2^{63}-1$之间的数值，精确到 1/10 000 货币单位。

（2）smallmoney：占 4 字节的存储空间，具有 4 位小数，存储数据范围为$-2^{31}\sim2^{31}-1$之间的数值。

货币类型常量应以货币单位符号作前缀，默认"￥"。

SQL Server 2000 除了系统提供的数据类型外，还可以定义新的数据类型，称为"自定义数据类型"。

 操作步骤

数据库创建完成后，要在数据库中存储数据，必须创建表。在 SQL Server 2000 中，可以使用 SQL 语句、SQL-EM 等方式创建表。

1）使用 SQL 语句

创建表语句的基本语法格式为：

CREATE TABLE ［<数据库名>. ］<表名>

（<列名> <数据类型> ［<列级完整性约束>］［,…n］

［<表级完整性约束>］)

在 SQL Server 2000 中，数据完整性约束包括：

（1）主键完整性约束（primary）：保证列值的唯一性，且不允许为 NULL。

（2）唯一完整性约束（unique）：保证列值的唯一性。

（3）外键完整性约束（foreign）：保证列的值只能取参照表的主键或唯一键的值或 NULL。

（4）非空完整性约束（not null）：保证列的值非 NULL。

（5）默认完整性约束（default）：指定列的默认值。

（6）检查完整性约束（check）：指定列取值的范围。

NULL 不表示空或零，而表示"不确定"，所以 NULL 与任何值运算结果均为 NULL。

【实例 3-2】　在 student 数据库中，为实例 3-1 的三个关系模式 s、c、sc 创建表 s、c、sc。

在 SQL 查询分析器中输入 SQL 语句并执行，如图 3-1 所示。

图 3-1　创建表 s、c、sc

【实例 3-3】　在有关零件、供应商、工程项目的数据库中，有四个关系，其结构如下。

　　供应商关系：S（SNO，SNAME，STATUS，ADDR）

　　零件关系：P（PNO，PNAME，COLOR，WEIGHT）

　　工程项目关系：J（JNO，JNAME，CITY，BALANCE）

　　供应情况关系：SPJ（SNO，PNO，JNO，PRICE，QIY）

　　分别创建表 S、P、J、SPJ。其中，表 SPJ 的 SNO、PNO、JNO 分别为外键，分别参照表 S、P、J 的 SNO、PNO、JNO。

　　在查询分析器中输入 SQL 语句并执行，如图 3-2 所示。

图 3-2　创建表 S、P、J、SPJ

2）使用 SQL-EM

下面通过实例说明使用 SQL-EM 创建表的方法。

【实例 3-4】　使用 SQL-EM 创建实例 3-1 中的表 sc。

启动 SQL-EM，展开左侧窗口的数据库"student"，指向"表"节点，单击右键，打开快捷菜单，选择"新建表"命令，打开"新表"窗口，如图 3-3 所示。

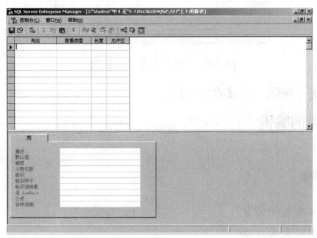

图 3-3　　"新表"窗口

首先依次在"列名"框中输入字段名，在"数据类型"框中选择字段的数据类型，在"长度"框中输入字段长度。此处为 sno、char、4，cno、char、4，score、smallint、2。然后指定主键。此处单击 sno 前按钮选中 sno 字段，按住 Ctrl 键单击 cno 前按钮选中 cno 字段，再单击工具栏"设置主键"按钮 ，即设置主键为 sno、cno，如图 3-4 所示。

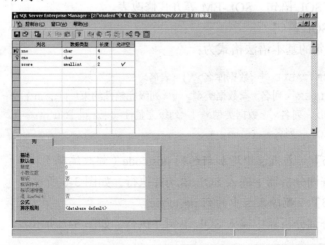

图 3-4　　"创建表"窗口

某些数据类型的长度是系统默认不能修改的，如本例的 smallint。

单击工具栏"保存"图标，打开"选择名称"对话框，为新建表定义表名。此处为 sc，如图 3-5 所示。

图 3-5　"选择名称"对话框

单击"确定"按钮，完成表的创建。

3.1.2　表的编辑

 学习目标

➢ 掌握修改表的方法
➢ 掌握删除表的方法

 操作步骤

1. 修改表

修改表可以编辑表中的列，也可以编辑表中数据的完整性约束。与创建表相同，可以使用 SQL 语句、SQL-EM 等方式修改表。

1）使用 SQL 语句

修改表语句的基本语法格式为：

```
ALTER TABLE ［<数据库名>.］<表名>
{［ALTER <列名> <数据类型> ［<列级完整性约束>］［,…n］］
|ADD <列名> <数据类型> ［<列级完整性约束>］［,…n］
|DROP <列名> ［,…n］}
```

【实例 3-5】　在表 s 中增加新的列 postcode（邮政编码）。

在 SQL 查询分析器中输入 SQL 语句并执行，如图 3-6 所示。

【实例 3-6】　删除表 s 中的列 postcode。

在 SQL 查询分析器中输入 SQL 语句并执行，如图 3-7 所示。

图 3-6 在表 s 中增加新的列 postcode

图 3-7 删除表 s 中的列 postcode

【实例 3-7】 设置表 sc 中的列 sno 为外键。

在查询分析器中输入 SQL 语句并执行，如图 3-8 所示。

【实例 3-8】 为表 sc 的列 score 增加约束。

在查询分析器中输入 SQL 语句并执行，如图 3-9 所示。

图 3-8 设置表 sc 中的列 sno 为外键

图 3-9 为表 sc 的列 score 增加约束

2）使用 SQL-EM

下面通过实例说明使用 SQL-EM 定义表中数据完整性约束的方法。

【实例 3-9】 对表 s，定义 sname 非空完整性约束，sex 默认完整性约束（默认值"男"），email 唯一完整性约束。

（1）启动 SQL-EM，单击左侧窗口数据库 student 中的"表"节点，指向右则窗口中的表"s"，单击右键，打开快捷菜单，选择"设计表"命令，打开"设计表"窗口。

（2）单击 sname 行"允许空"列，去掉对钩，设置 sname 非空完整性约束；单击 sex 行，在下方"列"窗口的"默认值"框中输入"男"，设置 sex 默认完整性约束，如图 3-10 所示。

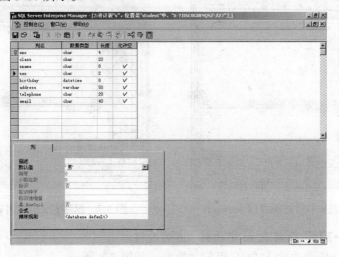

图 3-10　"设计表"窗口

（3）单击工具栏"管理关系"图标 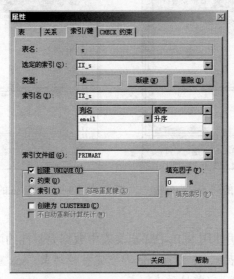，打开"属性"对话框，单击"索引/键"→"新建"，在列名框中选择 email，选中"创建 UNIQUE"复选框，设置 email 唯一完整性约束，如图 3-11 所示。

图 3-11　"属性"窗口"索引/键"选项卡

（4）单击"关闭"按钮，完成完整性设置。

【实例 3-10】　对表 sc，定义 sno 为外键，参照表 s 的 sno；定义 cno 为外键，参照表 c 的 cno。

方法一：

　　（1）启动 SQL-EM，单击左侧窗口数据库 student 中的"表"节点，指向右则窗口中的表"sc"，单击右键，打开快捷菜单，选择"设计表"命令，打开"设计表"窗口。

　　（2）单击工具栏"管理关系"图标，打开"属性"对话框，单击"关系"→"新建"，在"主键表"框中选择表 s，列名选择 sno，在"外键表"框中选择表 sc，主键表选择 sno，设置 sno 参照 s 表 sno 列的外键完整性约束，如图 3-12 所示。

图 3-12　"属性"对话框"关系"选项卡

　　（3）按同样的方法，单击"新建"，在"主键表"框中选择表 c，列名选择 cno，在"外键表"框中选择表 sc，列名选择 cno，设置 cno 参照 c 表 cno 列的外键完整性约束。

　　（4）单击"关闭"按钮，完成外键设置。

　　方法二：

　　（1）启动 SQL-EM，指向左侧窗口数据库 student 中的"关系图"节点，单击鼠标右键，打开快捷菜单，选择"新建数据库关系图"命令，打开"创建数据库关系图向导"对话框，如图 3-13 所示。

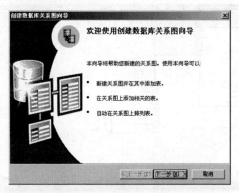

图 3-13　"创建数据库关系图向导"对话框

（2）单击"下一步"按钮，打开"选择要添加的表"对话框，如图 3-14 所示。

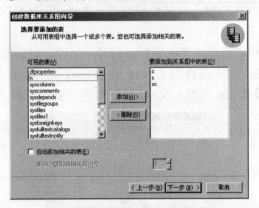

图 3-14　　"选择要添加的表"对话框

（3）分别双击"可用的表"框中的 s、c、sc，将 s、c、sc 表添加到"要添加到关系图中的表"框中。单击"下一步"按钮，打开"正在完成数据库关系图向导"对话框，如图 3-15 所示。

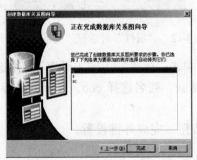

图 3-15　　"正在完成数据库关系图向导"对话框

（4）单击"完成"按钮，打开"新关系图"窗口，如图 3-16 所示。

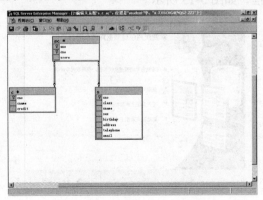

图 3-16　　"新关系图"窗口

（5）指向表 sc 的 sno 列，拖动至表 s，打开"创建关系"对话框，单击"确定"按钮。指向表 sc 的 cno 列，拖动至 c 表，打开"创建关系"对话框，单击"确定"按钮。单击"保存"图标，打开"保存该数据库关系图为"对话框，为新建的数据库关系图定义关系图名。此处定义为 sc_s_c，如图 3-17 所示。

（6）单击"确定"按钮，完成外键即表间关系设置。

图 3-17　"保存该数据库关系图为"对话框

2. 删除表

表一旦被删除，它的所有信息，包括表定义、数据、约束及表上的索引、触发器等都将被从磁盘上物理删除。在 SQL Server 2000 中，可以使用 SQL 语句、SQL-EM 等方式删除表。

1）使用 SQL 语句

删除表语句的基本语法格式为：

```
DROP TABLE <表名>
```

【实例 3-11】　删除 student 数据库中的 sc 表。

在查询分析器中输入 SQL 语句并执行，如图 3-18 所示。

图 3-18　删除数据库 student 中的表 sc

提示：不能删除系统表；外键约束的参考表必须在取消外键约束或删除外键所在表之后才能删除。

2）使用 SQL-EM

（1）启动 SQL-EM，单击左侧窗口要删除的表所在数据库中的"表"节点，指向右则窗口中要删除的表，单击鼠标右键，打开快捷菜单，选择"删除"命令，打开"除去对象"对话框，如图 3-19 所示。

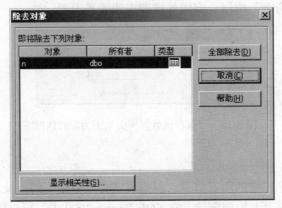

图 3-19　　"除去对象"对话框

（2）单击"全部除去"按钮，指定表将被删除。

注意：删除的表除非做了备份，否则无法恢复。

3.1.3　索引管理

　学习目标

➢　理解索引的概念
➢　掌握创建索引的方法

　相关知识

索引是数据库中依附于表的一种特殊的对象。当需要从表中检索数据时，如果表中记录没有顺序，就必须检索表中每一行记录，这样无疑将是很费时的。SQL Server 2000 提供了类似字典的索引技术，可以迅速地从庞大的表中找到所需要的数据。

1. 索引的概念

索引是表中记录的顺序和实际存储位置的对应表。对表中记录按一个（或多个）列的值的大小建立逻辑顺序的方法就是创建索引。要提高检索速度，必须对表中记录按检索字段的大小进行排序。索引对表中记录建立逻辑顺序，这样在检索数据时，可以先检索索引表然后直接定位到表中的记录，从而极大提高检索目标数据的速度。

2. 索引的种类

在 SQL Server 2000 中，索引分为聚集（Clustered）索引（或称聚簇索引）和非聚集（Nonclustered）索引（或称非聚簇索引）两类。所谓聚集索引是指索引的顺序与记录的物理顺序相同。由于一个表的记录只能按一个物理顺序存储，所以一个表只能有一个聚集索引。而非聚集索引是在不改变记录的物理顺序的基础上，通过顺序存放指向记录位置的指针来实现建立记录的逻辑顺序的方法。由于逻辑顺序不受物理顺序的影响，一个表的非聚集索引最多可以有 249 个。

3. 索引的规则

在 SQL Server 2000 中，使用索引应注意相关的规则。

（1）索引是非显示的。如果对某列创建了索引，检索时将自动调用该索引，以提高检索速度。

（2）创建主键时，自动创建唯一性聚集索引。除非删除该索引，否则不能再创建聚集索引。

（3）创建唯一性键时，自动创建唯一性非聚集索引。

（4）可以创建多列索引，以提高基于多列检索的速度。

（5）索引可以极大提高检索数据的速度，但维护索引要占一定的时间和空间。所以对经常要检索的列（如姓名）创建索引，对很少检索甚至根本不检索的列及值域很小的列（如性别）不创建索引。

（6）索引可以根据需要创建或删除，以提高性能。例如，当对表进行大批量数据插入时，可以先删除索引，待数据插入后，再重建索引。

 操作步骤

1. 创建索引

在 SQL Server 2000 中，可以使用 SQL 语句、SQL-EM 等方式创建索引，也可以使用索引向导创建索引。

1）使用 SQL 语句

创建索引语句的基本语法格式为：

CREATE ［UNIQUE］ ［Clustered| Nonclustered］ INDEX <索引名>
ON ［<表名>］(<列名> ［DESC］［,…］)

其中关键字 UNIQUE 为表创建唯一性索引。

【实例 3-12】　对表 c，定义列 cname 唯一性非聚集索引。

在查询分析器中输入 SQL 语句并执行，如图 3-20 所示。

图 3-20　创建表 c，定义列 cname 的唯一性非聚集索引

【实例 3-13】　对表 s，定义列 email 的唯一性非聚集索引。

分析：由索引的规则可知，创建唯一性键时，自动创建唯一性非聚集索引。在例 3-12 中已定义 email 为唯一性键，实际已经自动创建了 email 唯一性非聚集索引。

2）使用 SQL-EM

下面通过实例说明使用 SQL-EM 创建索引的方法。

【实例 3-14】　使用 SQL-EM 创建表 s 列 sname 的非聚集索引。

（1）启动 SQL-EM，单击左侧窗口数据库 student 中的"表"节点，指向右侧窗口中的表"s"，单击右键，打开快捷菜单，选择"所有任务"→"管理索引"命令，打开"管理索引"对话框，如图 3-21 所示。

（2）单击"新建"按钮，打开"新建索引"对话框，如图 3-22 所示。

图 3-21　"管理索引"对话框

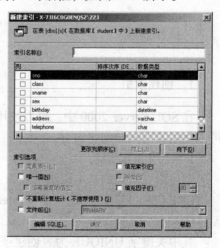

图 3-22　"新建索引"对话框

（3）在"索引名称"输入框中输入索引名称，此处为"index_sname"。在列名框中选择需要创建索引的列，此处为"sname"。设置索引的其他选项，如图 3-23 所示。

图 3-23　创建表 s，列 sname 非聚集索引

（4）单击"确定"按钮，返回"管理索引"对话框。单击"关闭"按钮，完成创建索引。

　　3）使用索引向导创建

下面通过实例说明使用索引向导创建索引的方法。

【实例 3-15】　使用索引向导创建表 s 列 address 的非聚集索引。

（1）启动 SQL-EM，选择"工具"菜单"向导"命令，打开"选择向导"对话框，如图 3-24 所示。

（2）展开"数据库，选择"创建索引向导"项，单击"确定"按钮，打开"欢迎使用创建索引向导"对话框，如图 3-25 所示。

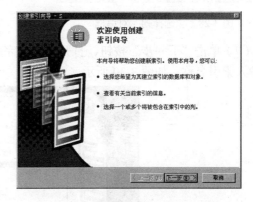

图 3-24　"选择向导"对话框　　　　　图 3-25　"创建索引向导-S"对话框

（3）单击"下一步"按钮，打开"选择数据库和表"对话框，此处选择学生库 student 和学生表 s，如图 3-26 所示。

（4）单击"下一步"按钮，打开"当前的索引信息"对话框，如图 3-27 所示。

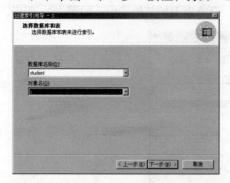

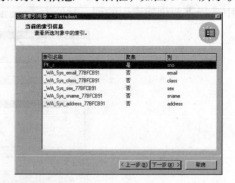

图 3-26　　"选择数据库和表"对话框　　　　　图 3-27　　"当前的索引信息"对话框

（5）单击"下一步"按钮，打开"选择列"对话框，此处选择 address 列，如图 3-28 所示。

（6）单击"下一步"按钮，打开"指定索引选项"对话框，可以指定属性及填充因子，此处不指定，如图 3-29 所示。

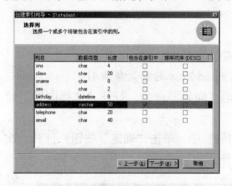

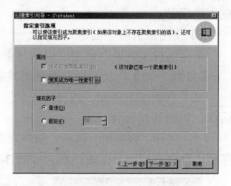

图 3-28　　"选择列"对话框　　　　　　　图 3-29　　"指定索引选项"对话框

（7）单击"下一步"按钮，打开"正在完成创建索引向导"对话框，此处可以输入索引名称，如图 3-30 所示。

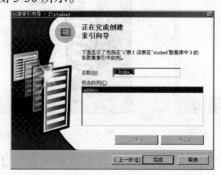

图 3-30　　"正在完成创建索引向导"对话框

（8）单击"完成"按钮，打开"向导已完成"对话框，单击"确定"按钮。

2. 删除索引

在 SQL Server 2000 中，可以使用 SQL 语句、SQL-EM 等方式删除索引。

1）使用 SQL 语句

创建索引语句的基本语法格式为：

DROP INDEX <表名>. <索引名> [,...]

【实例 3-16】　删除对表 c 列 cname 唯一性非聚集索引 ix_c。

在查询分析器中输入 SQL 语句并执行，如图 3-31 所示。

图 3-31　删除表 c 列 cname 唯一性非聚集索引

2）使用 SQL-EM

下面通过实例说明使用 SQL-EM 删除索引的方法。

【实例 3-17】　使用 SQL-EM 删除表 s 列 sname 非聚集索引 index_sname。

（1）启动 SQL-EM，单击左侧窗口数据库 student 中的"表"节点，指向右侧窗口中的表"s"，单击右键，打开快捷菜单，选择"所有任务"→"管理索引"命令，打开"管理索引"对话框，如图 3-32 所示。

（2）单击选中需要删除的索引，此处为"index_sname"，单击"删除"按钮，打开"管理索引"对话框，如图 3-33 所示。

（3）单击"是"按钮，指定索引将被删除。在 SQL-EM 中，单击指向表后再单击右键，选择所有任务中的设计表，单击工具栏"管理索引/键"图标，也可以创建、修改和删除索引，且定义主键和唯一键时创建的索引只能用这种方法删除。

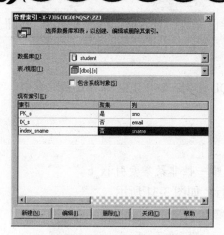

图 3-32　"管理索引"对话框　　　　　　图 3-33　删除索引对话框

3. 查看所有索引

在 SQL Server 2000 中，可以使用 SQL 语句、SQL-EM 等方式查看所有索引。

1）使用 SQL 语句

查看所有索引可以通过执行系统存储过程 sp_helpindex 实现。其基本语法格式为：

```
sp_helpindex [@objname=] <表名>
```

【实例 3-18】　查看表 s 所有索引。

在查询分析器中输入 SQL 语句并执行，如图 3-34 所示。

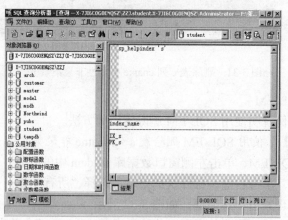

图 3-34　查看表所有索引

2）使用 SQL-EM

启动 SQL-EM，单击左侧窗口指定数据库节点，单击右键，打开快捷菜单，选择"查看"→"任务板"命令，打开"管理索引"对话框，如图 3-35 所示。

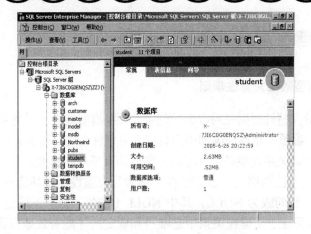

图 3-35 "SQL-EM 任 5 务板"窗口

单击"表信息"选项卡，显示指定数据库所有表的所有索引信息，如图 3-36 所示。

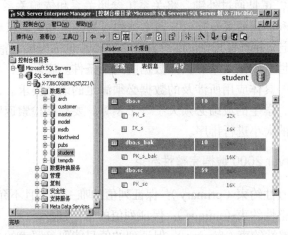

图 3-36 SQL-EM 任务板窗口"表信息"选项卡

3.2 数据编辑

3.2.1 数据完整性定义

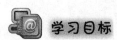 学习目标

➤ 了解数据完整性规则
➤ 掌握数据完整性定义的方法

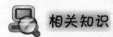相关知识

1. 关系模型数据完整性规则

关系模型的完整性规则是对数据的约束。关系模型提供了三类完整性规则：实体完整性规则、参照完整性规则和用户自定义完整性规则。其中实体完整性规则和参照完整性规则是关系模型必须满足的完整性约束条件，称为关系完整性规则。

（1）实体完整性规则。实体完整性也称为行完整性，实体完整性规则要求元组的主键值不能相同或为 NULL，其中 NULL（空值）表示不确定，不是 0 也不是空字符串。实际上，主键在关系中是唯一和确定的才能有效地标识每一个元组。

（2）参照完整性规则。参照完整性也称为引用完整性，参照完整性规则要求元组的外键值只能取参照关系的主键值或 NULL（当外键同时为主键时则不能取NULL）。实际上，正是通过外键，将关系（参照关系和依赖关系）联系起来。

提示：外键和相应的主键可以不同名，但必须具有相同的值域。

（3）用户自定义完整性规则。用户自定义完整性也称为域完整性或列完整性，用户自定义完整性规则是对某一具体数据的约束条件。实际上，用户自定义完整性规则反映了某一具体应用所涉及的数据必须满足的语义要求。例如，学生的性别只能是男或女，学生的成绩必须大于等于零等。要提高检索速度，必须对表中记录按检索字段的大小进行排序。

2. SQL Server 2000 数据完整性约束

（1）主键完整性约束（primary）：保证列值的唯一性，且不允许为 NULL。

（2）唯一完整性约束（unique）：保证列值的唯一性。

（3）外键完整性约束（foreign）：保证列的值只能取参照表的主键或唯一键的值或 NULL。

（4）非空完整性约束（not null）：保证列的值非 NULL。

（5）默认完整性约束（default）：指定列的默认值。

（6）检查完整性约束（check）：指定列取值的范围。

操作步骤

（1）主键完整性约束（primary）：在创建表或修改表时指定。

（2）唯一完整性约束（unique）：在创建表或修改表时指定。

（3）外键完整性约束（foreign）：在创建表或修改表时指定，也可通过"关系图"创建。保证列的值只能取参照表的主键或唯一键的值或 NULL。

（4）非空完整性约束（not null）：在创建表或修改表时指定。保证列的值非
NULL。

（5）默认完整性约束（default）：在创建表或修改表时指定。指定列的默认值。

（6）检查完整性约束（check）：在创建表或修改表时指定。指定列取值的
范围。

3.2.2　使用 SQL-EM 编辑数据

学习目标

> ➢　掌握使用 SQL-EM 编辑数据的方法
> ➢　掌握使用 SQL 语言编辑数据的方法

操作步骤

1．使用 SQL-EM 编辑数据

表是由表结构和记录两部分组成，定义表实际是定义了表的结构。当表结构
定义完成后，则可以向表中插入数据、修改数据和删除数据。对数据的插入、修
改和删除通称为数据的编辑或更新。

在 SQL Server 2000 中，可以使用 SQL-EM 编辑表中的数据。

（1）启动 SQL-EM，单击左侧窗口要编辑记录的表所在数据库中的"表"节
点，指向右则窗口中要编辑记录的表，单击右键，打开快捷菜单，选择"打开表"
→"返回所有行"命令，打开"表中数据"窗口，如图 3-37 所示。

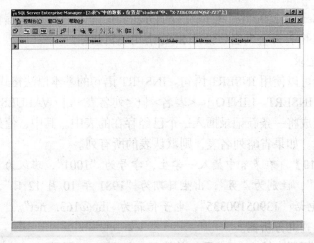

图 3-37　"表中数据"窗口

（2）插入数据，可以直接录入。若某字段不允许为空值，则必须为该字段输入值。

（3）如果需要删除一条记录，可以单击记录第一个列前的按钮选中该记录，按"Del"键或在快捷菜单中选择删除命令；如果需要删除连续多条记录，可以单击记录第一个列前的按钮选中第一条要删除的记录并按下"Shift"键，再单击最后一条记录，按"Del"键或在快捷菜单中选择删除命令，如图 3-38 所示。

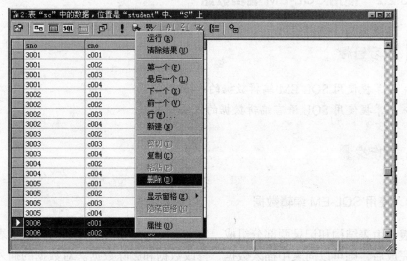

图 3-38　删除表中数据窗口

（4）如果需要修改数据，可以单击或将光标移至需要修改的位置，直接修改。

（5）编辑完毕，单击"关闭"按钮，保存编辑结果。

2. 使用 SQL 语句编辑数据

在 SQL Server 2000 中，可以在查询分析器中输入 SQL 语句编辑数据，也可以在 SQL-EM 中打开查询窗口设计 SQL 语句编辑数据。

1）插入记录

插入记录可以使用 INSERT 语句。INSERT 语句的基本语法格式有两种。

格式一：INSERT ［INTO］ <表名>［(<列名表>)］ VALUES (<值列表>)

该语句完成将一条新记录插入一个已经存在的表中。其中，值列表必须与列名表一一对应。如果省略列名表，则默认表的所有列。

【实例 3-19】　在表 s 中插入一学生，学号为"1001"，班级为"信息 501"，姓名为"黄鹏"，性别为"男"，出生日期为"1981 年 10 月 12 日"，住址"江苏省常州市"，电话"13905190335"，电子信箱为"hp@163. net"。

方法一：查询分析器。

在查询分析器中输入 SQL 语句并执行，如图 3-39 所示。

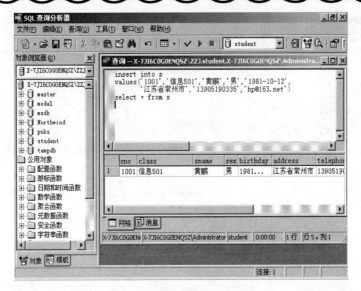

图 3-39　插入所有列

方法二：查询窗口。

（1）启动 SQL-EM，展开数据库 student，单击"表"节点，选中右侧窗口中表 s 并单击右键，在打开的快捷菜单中选择"打开表"→"查询"命令，如图 3-40 所示，打开"查询"窗口，默认为"选择"查询，如图 3-41 所示。

"查询"窗口由四个子窗口组成：从上到下依次为关系图窗格、网格窗格、SQL 语句窗格和结果窗格。

图 3-40　"插入所有列"查询窗口

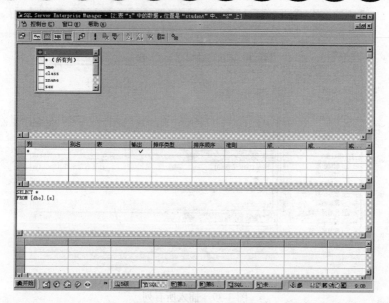

图 3-41　"选择"查询窗口

（2）指向窗口上部关系图窗格单击右键，打开快捷菜单，如图 3-42 所示。

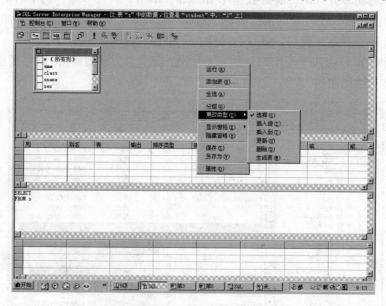

图 3-42　"更改类型"窗口

（3）选择"更改类型"→"插入到"命令，打开并"插入到"查询窗口，如图 3-43 所示。

（4）单击选中 s 表中列前复选框，可以定义要插入的列。在网格窗格"值"框中输入值，如图 3-44 所示。

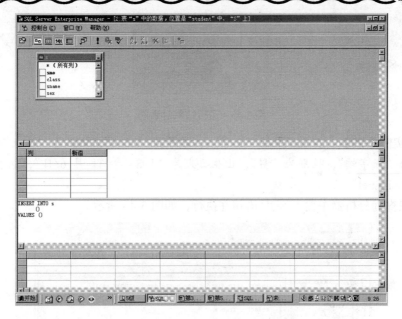

图 3-43　"插入到"查询窗口

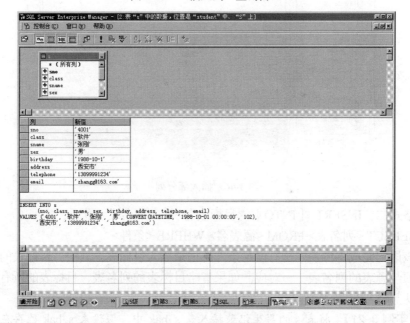

图 3-44　定义要插入的列

（5）以上操作是通过可视化方法构造一条 INSERT 语句，实际在操作的每一步，SQL 语句窗格区域都将同步给出通过可视化方法构造的 INSERT 语句。

（6）单击工具栏"验证 SQL"图标，可以检测构造的 INSERT 语句的语法。单击工具栏"运行"图标，打开对话框，如图 3-45 所示。

图 3-45　运行结果对话框

【实例 3-20】　　在表 s 中插入一学生，学号为"2001"，班级为"计应 501"，姓名为"张宇蛟"，性别为"男"，出生日期为"1984 年 11 月 6 日"，电子信箱"zyj@sohu.net"。

在查询分析器中输入 SQL 语句并执行，如图 3-46 所示。

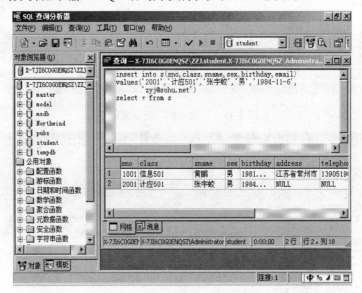

图 3-46　插入部分列

格式二：INSERT ［INTO］ <目标表名> [(<列名表>)]
SELECT <列名表> FROM <源表名> WHERE <条件>

该语句完成将源表中所有满足条件的记录插入目标表。其中，目标表的列名表必须与源表的列名表一一对应。如果省略目标表的列名表，目标表的所有列将被默认。

【实例 3-21】　将表 s 的男生记录插入表 s_bak 中。假设表 s_bak 已存在，且结构与表 s 相同。

方法一：查询分析器。

在查询分析器中输入 SQL 语句并执行，如图 3-47 所示。

当插入违背了完整性约束时，则事务回滚。例如，若目标表已存在与源表相同关键字的记录时，则一条记录都不会插入。

图 3-47　插入表中数据

方法二：查询窗口。

（1）启动 SQL-EM，展开数据库 student，单击"表"节点，选中右侧窗口中表 s 并单击右键，在打开的快捷菜单中选择"打开表"→"查询"命令，参见图 3-40，打开"查询"窗口，默认为"选择"查询，如图 3-41 所示。

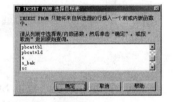

（2）指向窗口上部关系图窗格，单击右键，打开快捷菜单，如图 3-42 所示。

（3）选择"更改类型"→"插入源"命令，打开并"插入源"对话框，如图 3-48 所示。

图 3-48　"插入源"对话框

（4）选中表 s_bak，单击"确定"按钮，打开"插入源"查询窗口，如图 3-49 所示。

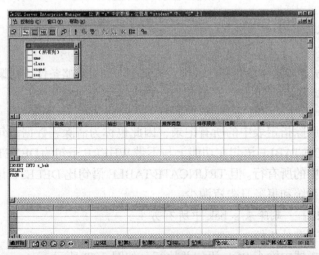

图 3-49　"插入源"查询窗口

（5）单击 s 表中"*"列（所有列）前复选框，单击选中表 sex 列前复选框。在网格窗格"列"sex 的准则框中输入"='男'"，并取消"输出"列，如图 3-50 所示。

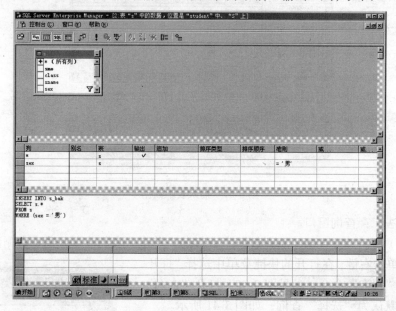

图 3-50   插入定义 sex 列

（6）单击工具栏"验证 SQL"图标，可以检测构造的 INSERT 语句的语法。

单击工具栏"运行"图标，打开对话框，如图 3-51 所示。

2）删除记录

删除记录可以使用 DELETE 语句删除记录和

图 3-51   运行结果对话框   TRUNCATE TABLE 语句清除表数据。

DELETE 语句的基本语法格式为：

DELETE ［FROM］ <表名> ［WHERE <条件>］

该语句完成删除表中满足条件的记录。其中，如果省略条件，则删除所有记录。

TRUNCATE TABLE 语句的基本语法格式为：

TRUNCATE TABLE name

该语句将删除指定表中的所有记录，因此也称为清除表数据语句。

TRUNCATE TABLE 语句在功能上与不带 WHERE 子句的 DELETE 语句相同，二者均删除表中的所有行。但 TRUNCATE TABLE 语句比 DELETE 语句执行速度快，且使用的系统和事务日志资源少。

【实例 3-22】   删除表 s_bak 中所有男生。

方法一：查询分析器

在查询分析器中输入 SQL 语句并执行，如图 3-52 所示。

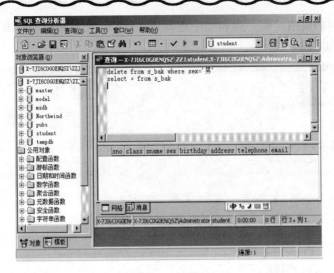

图 3-52 删除记录

方法二：查询窗口。

（1）启动 SQL-EM，展开数据库 student，单击"表"节点，选中右侧窗口中表 s_bak 并单击右键，在打开的快捷菜单中选择"打开表"→ "查询"命令。如图 3-41 所示，打开"查询"窗口，默认为"选择"查询，如图 3-42 所示。

（2）指向窗口上部关系图窗格，单击右键，打开快捷菜单，如图 3-43 所示。

（3）选择"更改类型"→"删除"命令，打开并"删除" 查询窗口，如图 3-53 所示。

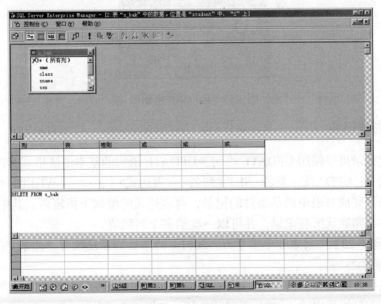

图 3-53 "删除"查询窗口

（4）在网格窗格"列"列表框中选择列"sex"，在网格窗格"准则"框中输入"='男'"，如图3-54所示。

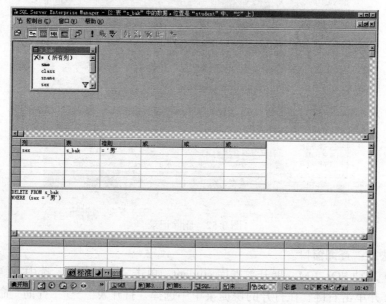

图 3-54　定义列"sex"

（5）单击工具栏"验证 SQL"图标 ，可以检测构造的 DELETE 语句的语法。单击工具栏"运行"图标 ，打开对话框，如图3-55所示。

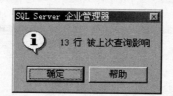

图 3-55　运行结果对话框

3. 修改记录

修改记录可以使用 UPDATE 语句。UPDATE 语句的基本语法格式有两种。

格式一：UPDATE <表名> SET <列名>=<表达式>［，…］　［WHERE <条件>］

该语句完成对表中满足条件的记录，将表达式的值赋予指定列。其中，如果省略条件，则默认所有记录，并可以一次给多个列赋值。

【实例3-23】　将表s中学号为"2001"的学生的住址改为"北京市"，电话为"13900102329"。

方法一：查询分析器

在查询分析器中输入 SQL 语句并执行，如图3-56所示。

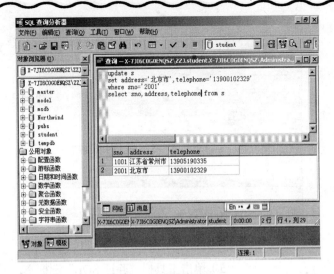

图 3-56 单表修改

方法二：查询窗口。

（1）启动 SQL-EM，展开数据库 student，单击"表"节点，选中右侧窗口中表 s 并单击右键，在打开的快捷菜单中选择"打开表"→"查询"命令，如图 3-41 所示。打开"查询"窗口，默认为"选择"查询，如图 3-41 所示。

（2）指向窗口上部关系图窗格，单击右键，打开快捷菜单，如图 3-42 所示。

（3）选择"更改类型"→"更新"命令，打开并"更新"窗口，如图 3-57 所示。

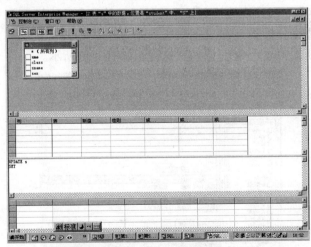

图 3-57 "更新"查询窗口

（4）单击 s 表中 sno、address、telephone 列前复选框。在网格窗格 address 列的新值框中输入"='北京市'"，在网格窗格 address 列的新值框中输入"='13900102329'"，在网格窗格 sno 列的准则框中输入"='2001'"，如图 3-58 所示。

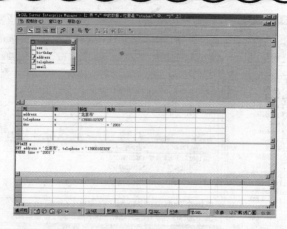

图 3-58　定义 s 表中的各列

图 3-59　运行结果对话框

（5）单击工具栏"验证 SQL"图标，可以检测构造的 UPDATE 语句的语法。单击工具栏"运行"图标，打开对话框，如图 3-59 所示。

格式二：UPDATE <目标表名> SET <列名>=<表达式> [,…]

　　　　　　FROM <源表名> ［WHERE <条件>］

格式二与格式一不同的是，条件和表达式中可以包含源表的列，实现用源表的数据修改目标表的数据，并可以用源表的数据作为修改目标表的条件。

【实例 3-24】　将所有选修数据库应用课程的学生成绩加 5 分。

方法一：查询分析器

在查询分析器中输入 SQL 语句并执行，如图 3-60 所示。

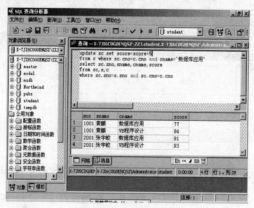

图 3-60　表间数据修改

方法二：查询窗口。

（1）启动 SQL-EM，展开数据库 student，单击"表"节点，选中右侧窗口中

表 sc 并单击右键，在打开的快捷菜单中选择"打开表"→"查询"命令，如图 3-40
所示。打开"查询"窗口，默认为"选择"查询，如图 3-41 所示。

（2）指向窗口上部关系图窗格，单击右键，打开快捷菜单，如图 3-42 所示。

（3）选择"更改类型"→"更新"命令，打开并"更新"窗口，如图 3-57
所示。

（4）单击 sc 表中 score、cno 列前复选框。在网格窗格 score 列的新值框中输
入 "=score + 5"，在网格窗格 cno 列的准则框中输入 "IN（SELECT cno FROM c
WHERE sc. cno = c. cno AND cname = '数据库应用')"，如图 3-61 所示。

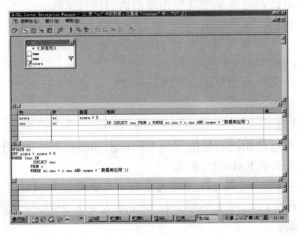

图 3-61 "更新"查询窗口

（5）单击工具栏"验证 SQL"图标，可以检测构
造的 UPDATE 语句的语法。单击工具栏"运行"图标，
打开对话框，如图 3-62 所示。

图 3-62 运行结果对话框

提示：SQL 语句涉及多表时，如果存在同名列，引
用该列必须用格式：<表名>. <列名>。

3.3 数据查询

3.3.1 基本查询

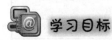 学习目标

➢ 了解 T-SQL 运算符和函数
➢ 熟练掌握 SELECT 语句的基本格式

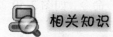 相关知识

Transact-SQL 是 SQL Server 2000 的编程语言。在介绍 SQL Server 2000 的 SELECT 语句前,先简要介绍一下 Transact-SQL 语言中有关数据运算的相关内容。

1. Transact-SQL 运算符

1)算术运算符
算术运算符可以对数值类型或货币类型数据进行运算。
算术运算符包括: +(加)、-(减)、*(乘)、/(除)、%(取余)。
提示:"+、-"运算符也可以对 datetime、smalldatetime 类型数据进行运算。
2)字符串运算符
字符串运算符可以对字符串、二进制串进行连接运算。
字符串运算符为: +。
3)关系运算符
关系运算符可以在相同的数值类型(除 text、image 外)间进行运算,并返回逻辑值 TURE(真)或 FALSE(假)。
关系运算符包括: =(等于)、>(大于)、<(小于)、>=(大于等于)、<=(小于等于)、<>(不等于)、!=(不等于)、!>(不大于)、!<(不小于)。
4)逻辑运算符
逻辑运算符可以对逻辑值进行运算,并返回逻辑值 TURE(真)或 FALSE(假)。
逻辑运算符包括: NOT(非)、AND(与)、OR(或)、BETWEEN(指定范围)、LIKE(模糊匹配)、ALL(所有)、IN(包含于)、ANY(任意一个)、SOME(部分)、EXISTS(存在)。
5)赋值运算符
赋值运算符可以将表达式的值赋给一个变量。
赋值运算符为: =。

2. Transact-SQL 函数

1)数学函数
数学函数通常返回需要运算的数据的数值。常用的数学函数见表 3-2。

表 3-2　常用数学函数

函 数 类 型	函 数 格 式	函 数 值
三角函数	sin(float_expr)	正弦
	COS(float_expr)	余弦
	TAN(float_expr)	正切
	COT(float_expr)	余切

续表

函 数 类 型	函 数 格 式	函 数 值
反三角函数	asin（float_expr）	反正弦
	ACOS（float_expr）	反余弦
	ATAN（float_expr）	反正切
角度弧度转换函数	DEGREES（numeric_expr）	弧度转换为角度
	RADIANS（numeric_expr）	角度转换为弧度
幂函数	sqrt（float_expr）	平方根
	exp（float_expr）	指数
	log（float_expr）	自然对数
	log10（float_expr）	常用对数
	power（numeric_expr,x）	x 的幂
近似值函数	round（numeric_expr,length）	将表达式取整到指定长度
	CEILING（numeric_expr）	大于等于表达式的最小整数
	FLOOR（numeric_expr）	小于等于表达式的最大整数
符号函数	abs（numeric_expr）	绝对值
	SIGN（numeric_expr）	整数取 1，负数取-1，零取 0
其他函数	rand（［seed］）	0～1 间随机数，seed 为种子数
	pi（）	圆周率，常量 3. 141 592 653 589 793

2）字符串函数

大多数字符串函数只能用于 char 和 varchar 数据类型，以及明确转换成 char 和 varchar 的数据类型。个别字符串函数也能用于 binary 和 varbinary 数据类型。常用的字符串函数见表 3-3。

表 3-3　常用字符串函数

函 数 类 型	函 数 格 式	函 数 值
转换函数	ascii（char_expr）	最左端字符的 ASCII 码值
	char（integer_expr）	相同 ASCII 码值的字符
	str（float_expr［,length［,decimal］］）	数值转换为字符串，length 总长度，decimal 小数位数
	lower（string_expr）	转换为小写字母
	upper（string_expr）	转换为大写字母
取子串函数	left（string_expr,length）	左取子串
	right（string_expr,length）	右取子串
	substring（string_expr,star,length）	取子串
删除空格函数	ltrim（string_expr）	删除左空格
	rtrim（string_expr）	删除右空格
字符串比较函数	charindex（string_expr1,string_expr2）	字符串 1 在字符串 2 中起始位置
	soundex（string_expr）	字符串转换为 4 位字符码
	difference（string_expr1,string_expr2）	字符串 1 与字符串 2 的差异

函 数 类 型	函 数 格 式	函 数 值
字符串操作函数	len（string_expr）	字符串长度
	space（integer_expr）	产生空格
	replicate（string_expr,integer_expr）	重复字符串
	stuff（string_expr1,star,length,string_expr2）	替换字符串
	reverse（string_expr）	反转字符串

3）日期时间函数

日期时间函数用于处理日期和时间数据。常用的日期时间函数见表 3-4，表 3-5 为 datepart 的格式。

表 3-4　常用日期时间函数

函 数 格 式	函 数 值
getdate（）	系统当前日期和时间
year（date）	指定日期的年
month（date）	指定日期的月
day（date）	指定日期的日
datepart（datepart,date）	日期的 datepart 部分的数值形式
dateNAME（datepart,date）	日期的 datepart 部分的字符串形式
dateadd（datepart,number,date）	日期加，即日期 datepart 部分加数值后的新日期
datediff（datepart,date1,date2）	日期减，即日期 1 与日期 2 的 datepart 部分相差的值

表 3-5　datepart（日期类型）取值表

日 期 类 型	缩 写	数 值 范 围
year	yy	1753～9999
quarter	qq	1～4
month	mm	1～12
day of year	dy	1～366
day	dd	1～31
week	wk	0～51
weekday	dw	1～7（星期日为 1）
hour	hh	0～23
minute	mi	0～59
second	ss	0～59
milliseconds	ms	0～999

【实例 3-25】　计算中国香港回归已经有多少年、多少天，今天以后 15 个月是哪一天。

在查询分析器中输入 SQL 语句并执行，如图 3-63 所示。

图 3-63 日期时间函数实例

4）类型转换函数

类型转换函数包括：

CAST（expression AS data_type）

CONVERT（data_type,expression［,style］）

其中，style 为日期格式代码，参见表 3-6。

表 3-6 style（日期样式）取值表

无世纪	有世纪	标准	输出的日期格式
	0 或 100	默认	mon dd yyyy hh:mi AM（PM）
1	101	美国	mm/dd/yy
2	102	ANSI	yy. mm. dd
3	103	英国、法国	dd/mm/yy
4	104	德国	dd. mm. yy
5	105	意大利	dd-mm-yy
6	106		dd mon yy
7	107		mon dd,yy
8	108		hh:mi:ss
	9 或 109	默认+毫秒	mon dd,yyyy hh:mi:ss:ms AM（PM）
10	110	美国	mm-dd-yy
11	111	日本	yy/mm/dd
12	112	ISO	yymmdd
	13 或 113	欧洲+毫秒	dd mon yyyy hh:mi:ss:ms AM（PM）
	14 或 114		hh:mi:ss:ms（24 小时）

【实例3-26】 将当前时间的日期转换为美国格式(mm/dd/yyyy 及 mm-dd-yyyy)、ANSI(yyyy.mm.dd)格式的字符串，并将其时间部分转换为字符串。

在查询分析器中输入 SQL 语句并执行，如图 3-64 所示。

图 3-64　类型转换函数实例

3. 聚合函数

1）COUNT

COUNT（DISTINCT <列表达式>|*）（指定列唯一值的个数或记录总数）

2）MAX

MAX（[DISTINCT] <列表达式>）（指定列的最大值或指定列唯一值的最大值）

3）MIN

MIN（[DISTINCT] <列表达式>）（指定列的最小值或指定列唯一值的最小值）

4）SUM

SUM（[DISTINCT] <列表达式>）（指定列的算术和或指定列唯一值的算术和）

5）AVG

AVG（[DISTINCT] <列表达式>）（指定列的算术平均值或指定列唯一值的算术平均值）

 操作步骤

在 SQL 语句中，SELECT 语句是最频繁使用的也是最重要的语句。SQL Server 2000 的所有检索都是由 SELECT 语句完成。SELECT 语句的基本语法格式为：

```
SELECT <表达式> [AS <别名>] [INTO <目标表名>]
FROM <源表名>
[WHERE <条件>]
```

[GROUP BY <列> [HAVING <条件>]] [ORDER BY <列> [DESC]]

其中，SELECT 子句用于指定输出的内容，INTO 子句的作用是创建新表并将检索到的记录存储到该表中，FROM 子句用于指定要检索的数据的来源表，WHERE 子句用于指定对记录的过滤条件，GROUP BY 子句的作用是指定对记录进行分类后再检索，HAVING 子句用于指定对分类后的记录的过滤条件，ORDER BY 子句的作用是对检索到的记录进行排序。

1. 操纵列

使用 SELECT 子句可以完成显示表中指定列的功能，即完成关系的投影运算。由于使用 SELECT 语句的目的是输出检索的结果，因此输出表达式的值是 SELECT 语句必不可缺的部分。

1）计算表达式的值

SELECT 语句的最简单格式是输出表达式的值，即 SELECT 子句中使用表达式。参见实例 3-25、实例 3-26。

2）输出所有列

SELECT 子句使用"*"，表示输出 FROM 子句所指定表的所有列。

【实例 3-27】　检索所有学生的所有信息。

在查询分析器中输入 SQL 语句并执行，如图 3-65 所示。

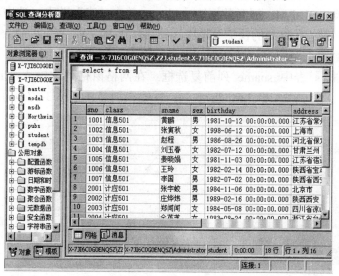

图 3-65　检索所有列

3）设置列标题

在默认的情况下，输出列时列标题就是表的列名，输出表达式时列标题为"无列名"。如果要改变列标题，可以使用"="或"AS"关键字。

【实例 3-28】 检索所有学生的年龄。

方法一：查询分析器。

在查询分析器中输入 SQL 语句并执行，如图 3-66 所示。

图 3-66   置列标题

方法二：查询窗口。

（1）启动 SQL-EM，展开数据库 student，单击"表"节点，选中右侧窗口中表 s 并单击右键，在打开的快捷菜单中选择"打开表"→"查询"命令。如图 3-40 所示，打开"查询"窗口，默认为"选择"查询，如图 3-41 所示。

（2）单击 s 表中 sname 列前复选框。在网格窗格列中输入"'is'"、YEAR（GETDATE（））- YEAR（birthday）列，并输入别名，如图 3-67 所示。

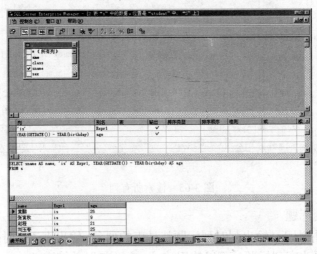

图 3-67   "选择"查询窗口

（3）单击工具栏"验证 SQL"图标，可以检测构造的 SELECT 语句的语法。单击工具栏"运行"图标。

2. 操纵行

使用 WHERE 子句可以过滤出表中满足条件的记录，即完成关系的选择运算。实际上，数据的检索绝大部分是通过 WHERE 子句实现的。

1）普通查询

在 WHERE 子句中使用逻辑表达式可以完成绝大部分的检索要求。

【**实例 3-29**】 检索所有 1985 年 12 月 31 日以后及 1982 年 12 月 31 日以前出生的女生的姓名和出生日期。

方法一：查询分析器。

在查询分析器中输入 SQL 语句并执行，如图 3-68 所示。

图 3-68 普通查询

方法二：查询窗口。

（1）启动 SQL-EM，展开数据库 student，单击"表"节点，选中右侧窗口中表 s 并单击右键，在打开的快捷菜单中选择"打开表"→"查询"命令，如图 3-40 所示。打开"查询"窗口，默认为"选择"查询，如图 3-41 所示。

（2）单击 s 表中 sname 列前复选框。在网格窗格列中选择 birthday、sex，输入 YEAR（birthday）列，取消 sex 的输出，并在 sex 准则框中输入"='女'"，在 YEAR（birthday）准则框中输入">= 1986 OR <= 1982"。单击工具栏"验证 SQL"图标。单击工具栏"运行"图标，如图 3-69 所示。

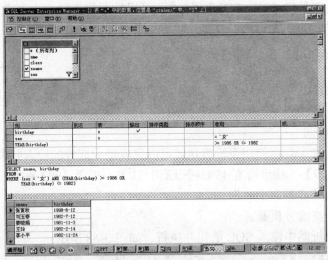

图 3-69 "选择"查询窗口

2）模糊查询

利用模糊匹配运算符 LIKE，以及在 LIKE 中允许使用的匹配符：%（任意个字符）、_（任意一个字符），可以实现模糊检索。

【实例 3-30】　检索所有姓李及第二个字为李的住址在西安的学生的姓名、性别和住址。

在查询分析器中输入 SQL 语句并执行，如图 3-70 所示。

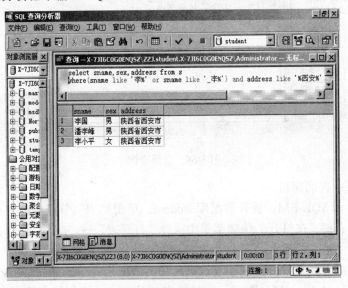

图 3-70　模糊查询

SQL 语言中将一个汉字视为一个字符而非 2 个字符。

3. 分类汇总

使用 GROUP BY 子句对记录进行分类，在 SELECT 子句中使用聚合函数，可以完成对记录的分类汇总运算。

1）分类

所谓分类，就是将值相等的指定列记录划为一组，可以通过 GROUP BY 子句实现。一般而言，分类的目的是为了对每一组记录产生一个统计值，所以 GROUP BY 子句通常伴随有聚合函数。

GROUP BY 子句的基本语法格式为：

GROUP BY <列 1>［,<列 2>…］

【实例 3-31】　检索每个学生所选课程的数量、总分及最高、最低分。

方法一：查询分析器。

在查询分析器中输入 SQL 语句并执行，如图 3-71 所示。

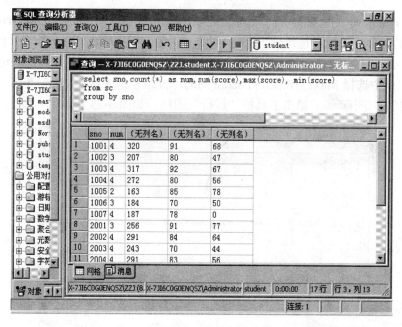

图 3-71　分类汇总

方法二：查询窗口。

（1）启动 SQL-EM，展开数据库 student，单击"表"节点，选中右侧窗口中表 sc 并单击右键，在打开的快捷菜单中选择"打开表"→"查询"命令，方法如图 3-40 所示。打开"查询"窗口，默认为"选择"查询，方法如图 3-41 所示。

（2）指向窗口上部关系图窗格，单击右键，在打开的快捷菜单中选择"分组"命令（或单击工具栏上"使用 Group By"工具按钮），如图 3-72 所示。

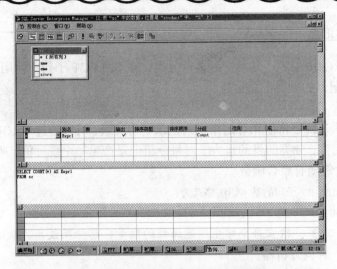

图 3-72　用"分组"命令进行分类汇总

（3）单击 sc 表中 sno 列前复选框。在网格窗格列中选择*、score、score、score. 在 sno 列的"分组"框中选择分组；在*列的"别名"框中输入"num"，"分组"框中选择 count；在第三行 score 列的"分组"框中选择 Sum；在第四行 score 列的"分组"框中选择 Max；在第五行 score 列的"分组"框中选择 Min。单击工具栏"验证 SQL"图标 。单击工具栏"运行"图标，如图 3-73 所示。

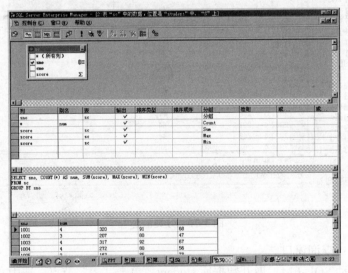

图 3-73　"选择"查询窗口

GROUP BY 子句可以使用表达式，但不能使用 text、image、bit 类型数据。

若在没有 GROUP BY 子句的 SELECT 中使用聚合函数，则将所有记录视为一个组。

2）分类后过滤记录

使用 HAVING 子句可以对分类后的记录进行过滤。HAVING 子句与 WHERE 子句功能和格式均相同，不同的是 HAVING 子句必须在 GROUP BY 子句后执行，所以也具有如可以使用聚合函数等特点。

【实例 3-32】　检索平均成绩及格的学生所选课程的数量、总分及最高、最低分。

方法一：查询分析器。

在查询分析器中输入 SQL 语句并执行，如图 3-74 所示。

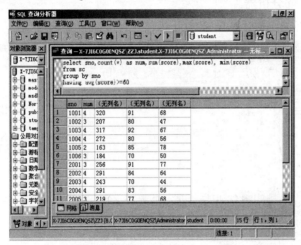

图 3-74　在查询分析器中使用 HAVING 子句

方法二：查询窗口。

基本同实例 3-32，如图 3-75 所示。

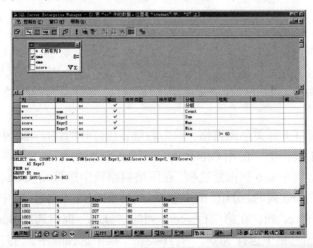

图 3-75　在查询窗口中使用 HAVING 子句

4. 排序

使用 ORDER BY 子句可以按一个或多个列的值顺序输出记录。

> ORDER BY 子句的基本语法格式为：
>
> ORDER BY <列1> [DESC] [,<列2> [DESC] …]

其中，排序默认升序，指定 DESC 则为降序。

【实例 3-33】 检索每个学生所选课程的数量、总分、平均分及最高、最低分，并按平均分排名次。规定当平均分相等时，最高分高在前。

方法一：查询分析器。

在查询分析器中输入 SQL 语句并执行，如图 3-76 所示。

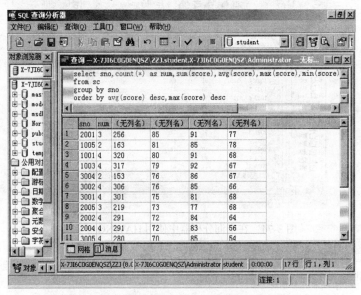

图 3-76　用查询分析器进行排序输出

方法二：查询窗口。

（1）启动 SQL-EM，展开数据库 student，单击"表"节点，选中右侧窗口中表 sc 并单击右键，在打开的快捷菜单中选择"打开表"→"查询"命令，打开"查询"窗口。

（2）指向窗口上部关系图窗格，单击右键，在打开的快捷菜单中选择"分组"命令（或单击工具栏上"使用 Group By"工具按钮）。

（3）单击 sc 表中 sno 列前复选框。在网格窗格列中选择 *、score、score、score、score、score。在 sno 列的"分组"框中选择分组；在*列的"别名"框中输入"num"，"分组"框中选择 count；在第三行 score 列的"分组"框中选择 Sum；在第四行 score 列的"分组"框中选择 Max，"排序类型"框中选择降序，"排序顺序"框中选择 2；在第五行 score 列的"分组"框中选择 Avg，"排序类型"框中选择降序，

"排序顺序"框中选择 1；在第六行 score 列的"分组"框中选择 Min。单击工具栏"验证 SQL"图标 。单击工具栏"运行"图标，如图 3-77 所示。

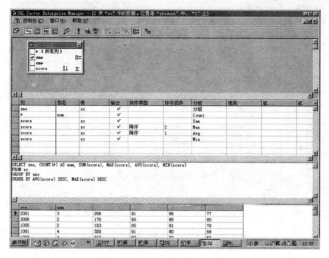

图 3-77　用查询窗口进行排序输出

3.3.2　多表查询

 学习目标

> 理解多表查询的概念
> 掌握多表查询的方法

 操作步骤

1. 连接查询

所谓多表查询就是从几个表中检索信息。这种操作通常可以通过表的连接实现。实际上，连接操作是区别关系数据库管理系统与非关系数据库管理系统的最重要的标志。

1）无限制连接——笛卡儿积

无限制连接就是对表的连接不加任何限制条件。显然，无限制连接的结果是表的笛卡儿积。表现在 SELECT 语句中的形式是 FROM 子句为多个表，并且无 WHERE 子句。无限制连接一般无实际意义。

【实例 3-34】　求表 s 与表 sc 的笛卡儿积。

在查询分析器中输入 SQL 语句并执行，如图 3-78 所示。

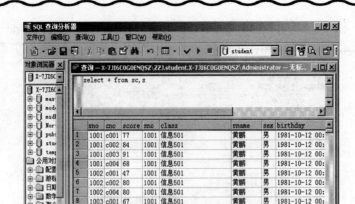

图 3-78　表 sc 与表 s 的笛卡儿积

2）内连接——F 连接

内连接就是将表中的记录按照一定的条件与另外的表的一些记录连接起来。连接的条件通常可以用一个逻辑表达式描述，所以内连接又称为 F 连接。表现在 SELECT 语句中的形式是：包括多个表并且用 WHERE 或 ON 子句指定一逻辑表达式。

【实例 3-35】　检索选修了数据库应用课程或 VB 程序设计课程的学生的学号、姓名、课程名、成绩。

说明：对前面例子中的"学生选课"关系模型的课程关系模式 c 约定其中的列 cname 为候选键，即表 c 中无课程名相同的课程。

方法一：在查询分析器中输入 SQL 语句并执行，如图 3-79 所示。

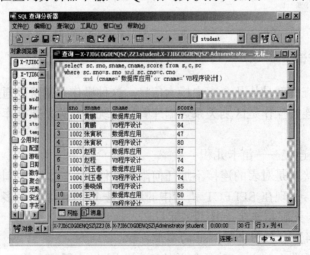

图 3-79　用 WHERE 子句指定连接条件

方法二：在查询分析器中输入 SQL 语句并执行，如图 3-80 所示。

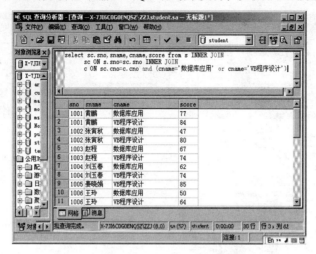

图 3-80　在 FROM 子句中用 JOIN 指定连接条件

方法三：查询窗口。

（1）启动 SQL-EM，展开数据库 student，单击"表"节点，选中右侧窗口中表 s 并单击右键，在打开的快捷菜单中选择"打开表"→"查询"命令，打开"查询"窗口。

（2）指向窗口上部关系图窗格，单击右键，打开快捷菜单。选择"添加表"命令，打开"添加表"对话框（或单击工具栏上"添加表"工具按钮也可打开"添加表"对话框）。分别选中创建查询的基表，单击"添加"按钮，将基表添加到关系图窗格区域中。此处添加表 c 和 sc，如图 3-81 所示。

图 3-81　"添加表"对话框

（3）单击"关闭"按钮。依次单击选中表 sc 列 sno，表 s 列 sname，表 c 列 cname，表 sc 列 score，并在列 cname 的"准则"框中输入"='数据库应用'"，"或"框中输入"='VB 程序设计'"。单击工具栏"验证 SQL"图标 。单击工具栏"运行"图标，如图 3-82 所示。

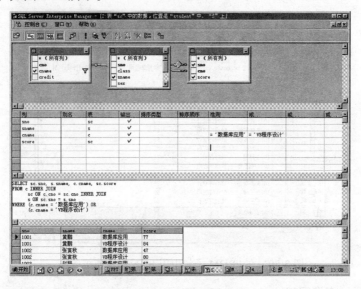

图 3-82　排序输出

内连接是连接的主要形式，连接的条件可以由 WHERE 或 ON 子句指定，一般表示表间列的相等关系。

3）自连接

连接不仅可以在表之间进行，也可以使一个表同其自身进行连接，称为自连接。

【实例 3-36】　检索所有同时选修了课程编号为 c001 和 c003 的学生的学号。

方法一：在查询分析器中输入 SQL 语句并执行，如图 3-83 所示。

图 3-83　用 WHERE 子句实现自连接

方法二：在查询分析器中输入 SQL 语句并执行，如图 3-84 所示。

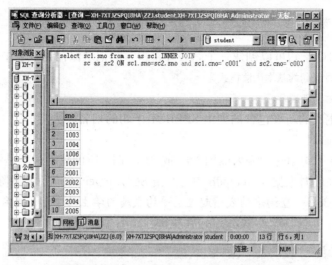

图 3-84　在 FROM 子句中用 JOIN 实现自连接

2. 集合运算

使用并 cunion 运算符可以将两个或两个以上的查询结果合并为一个结果集。连接查询只能增加列的数量并运算与连接查询是不同的，并运算增加的是行的数量。

【实例 3-37】　查询表 s 和表 s_bak 中的所有学生的所有信息（假设表 s_bak 已存在，且结构与表 s 相同）。

在查询分析器中输入 SQL 语句并执行，如图 3-85 所示。

图 3-85　集合运算查询实例

参与并运算的表的列的数目、类型必须一致。

3. 生成新表

使用 INTO 子句可以创建一个新表并将检索的记录保存到该表中。

> INTO 子句的基本语法格式为：
>
> INTO ＜新表＞

其中，生成的新表包含的列由 SELECT 子句的列名表决定。

1）生成临时表

当 INTO 子句创建的表名前加"#"或"##"时，所创建的表就是一个临时表。临时表保存在临时数据库 Tempdb 中，并由 SQL Server 2000 负责删除。

【实例 3-38】　查询平均成绩超过总平均成绩的学生的学号、姓名、平均成绩。

在查询分析器中输入 SQL 语句并执行，如图 3-86 所示。

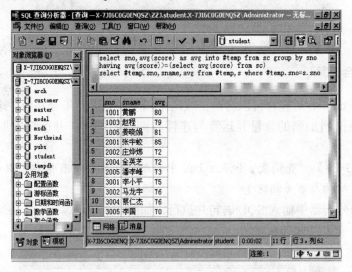

图 3-86　使用 SELECT 创建临时表

2）生成永久表

当 INTO 子句创建的表名前未加"#"或"##"时，所创建的表就是一个永久表。

【实例 3-39】　创建一个包含信息 501 班学生的学号、姓名、性别及出生日期的表。

方法一：查询分析器。

在查询分析器中输入 SQL 语句并执行，如图 3-87 所示。

方法二：查询窗口。

（1）启动 SQL-EM，展开数据库 student，单击"表"节点，选中右侧窗口中表 sc 并单击右键，在打开的快捷菜单中选择"打开表"→"查询"命令，打开"查询"窗口。

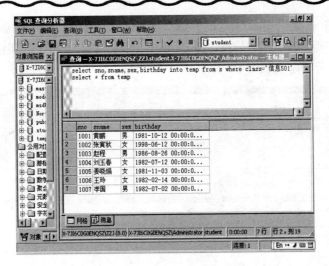

图 3-87　使用 SELECT 创建表

（2）指向窗口上部关系图窗格，单击右键，打开快捷菜单。选择"更改类型"→"生成表"命令，打开"生成表"对话框，如图 3-88 所示。

图 3-88　"生成表"对话框

（3）输入新表名 t1，单击"确定"按钮，如图 3-89 所示。

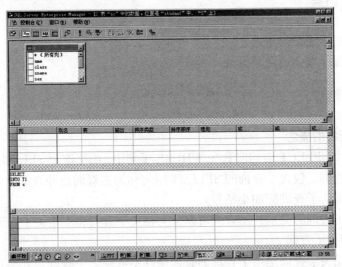

图 3-89　使用 SELECT 创建新表 t1

（4）单击 sc 表中 sno、sname、sex、birthday、class。取消 class 的输出，在 class "准则" 框中输入 "=′信息 501′"。单击工具栏 "验证 SQL" 图标 。单击工具栏 "运行" 图标，如图 3-90 所示。

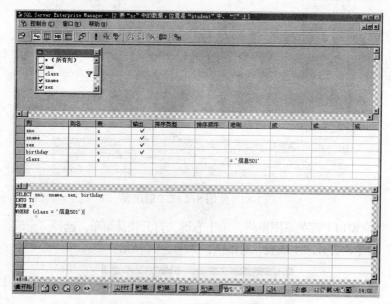

图 3-90　定义 sc 表中各列

3.3.3　子查询

学习目标

➢　理解子查询的概念
➢　掌握子查询的使用方法

相关知识

1）子查询的概念

如果一个 SELECT 语句嵌套在 WHERE 子句中，则称这个 SELECT 语句为子查询或内层查询。包含子查询的 SELECT 语句称为主查询或外查询。为了区别主查询与子查询，子查询应加小括号。

根据与主查询的关系，子查询可以分为相关子查询和不相关子查询两类。

2）不相关子查询

所谓不相关子查询是指子查询的查询条件不依赖于主查询。此类查询在执行时首先执行子查询，然后执行主查询。

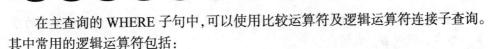

在主查询的 WHERE 子句中，可以使用比较运算符及逻辑运算符连接子查询。其中常用的逻辑运算符包括：

IN：包含于；ANY：某个值；SOME：某些值；ALL：所有值；EXISTS：存在结果。

3）相关子查询

所谓相关子查询是指子查询的查询条件依赖于主查询。此类查询在执行时首先执行主查询得到第一个元组，再根据主查询第一个元组的值执行子查询，依此类推直至全部查询执行完毕。

 操作步骤

1）不相关子查询

【实例3-40】 检索选修了数据库应用课程的学生的学号、姓名、成绩。

在查询分析器中输入 SQL 语句并执行，如图 3-91 所示。

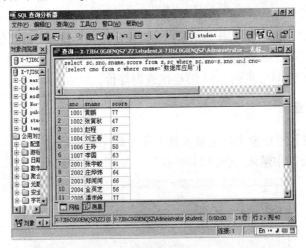

图 3-91 不相关子查询实例一

此例先执行子查询得到 cname 等于"数据库应用"的 cno，即 cno 等于"c001"，再执行主查询，相当于执行 cno 等于"c001"的检索。

显然，该子查询与以下的连接查询等价。

```
select sc.sno,sname,score from s,c,sc
where sc.sno=s.sno and sc.cno=c.cno and cname='数据库应用'
```

或

```
select sc.sno,sname,score from s inner join
sc on sc.sno=s.sno inner join
c on sc.cno=c.cno and cname='数据库应用'
```

【实例 3-41】　检索选修了数据库应用课程或 VB 程序设计课程的学生的学号、姓名、课程名、成绩。

在查询分析器中输入 SQL 语句并执行，如图 3-92 所示。

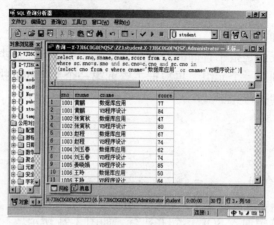

图 3-92　不相关子查询实例二

该语句中的 "IN" 可以用 "=ANY" 或 "=SOME" 替换，即 "包含于" 与 "等于某个值" 与 "等于某些值" 等价。

显然，该子查询与实例 3-11 的连接查询等价。

2. 相关子查询

【实例 3-42】　检索平均成绩及格的学生的学号、姓名。

在查询分析器中输入 SQL 语句并执行，如图 3-93 所示。

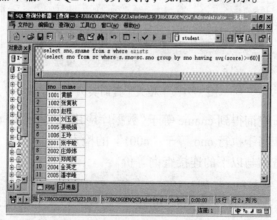

图 3-93　相关子查询实例

一般来说，大部分子查询可以转换为连接。而且连接的效率高于子查询，因为连接有优化算法，所以应尽可能使用连接。

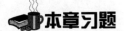本章习题

1. 创建表

（1）使用 SQL-EM 在数据库 student 中创建学生表，表名要求为 "<班级>_<学号>_s"，包含列：sno、char（4），class、char（20），sname、char（8），sex、char（2），birthday、datatime，address、varchar（50），telephone、char（20），email、char（40）。其中，sno 为主键，要求 class、sname 非空，并指定 sex 默认值为 "男"。

（2）使用 SQL-EM 在数据库 student 中创建课程表，表名要求为 "<班级>_<学号>_c"，包含列：cno、char（4），cname、char（20），credit、tinyint。其中，cno 为主键，指定 cname 为唯一性字段。

（3）使用 SQL-EM 在数据库 student 中创建选课表，表名要求为 "<班级>_<学号>_sc"，包含列：sno、char（4），cno、char（4），score、smallint。其中，sno、cno 为主键，指定 sno 为外键参照表 s 的 sno，指定 cno 为外键参照表 c 的 cno。

（4）使用 SQL 语句在学生、课程和选课表中录入本班五名以上学生的真实数据。

2. 使用 SQL-EM 在数据库 student 中学生表上创建列 sname 的非聚集索引。

3. 对数据库 student 中三个基本表 s、c、sc 进行如下操作，写出相应的 SQL 语句。

（1）删除表 sc 中尚无成绩的选课记录。

（2）把学号为 0001 的学生的选课和成绩数据全部删除。

（3）把选修了数据库应用课程的不及格的学生成绩全改为 0。

（4）把低于总平均成绩的女同学成绩提高 5%。

（5）修改表 sc 中课程编号为 c001 的成绩，若成绩小于等于 75 分时提高 5%，若成绩大于 75 分时提高 4%（用两个 UPDATE 语句实现）。

4. 设学生选课数据库中有三个表

S（SNO,CLASS,SNAME,SEX）

C（CNO,CNAME,TNAME）

SC（SNO,CNO,SCORE）

写出相应的 SELECT 语句。

（1）张三老师所授课程的课程编号、课程名。

（2）信息 501 班的所有男学生学号与姓名。

（3）学号为 1003 的学生所学课程的课程名和教师名。

（4）至少选修了张三老师所授课程中一门课程的女学生姓名。

（5）王五学生不学的课程的课程编号。

（6）同时选修了课程编号为 c001 及 c002 的学生学号和姓名。

（7）全部学生都选修的课程编号和课程名。

（8）选修了张三老师所授所有课程的学生学号。

第4章　数据库系统运行与管理

内容提要　本章主要介绍了 Server 2000 对硬件及软件环境的要求、SQL Server 2000 的安装和卸载、日志文件的概念、日志文件的查看方法、数据库的物理结构、数据库文件的管理、数据库文件组的管理、事务日志文件管理等知识（技能）。

重点难点　日志文件的管理、数据库的物理结构、数据库文件管理、数据库文件组管理。

4.1　数据库系统的安装与卸载

4.1.1　数据库系统安装前的准备

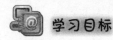 学习目标

➢　了解 SQL Server 2000 软硬件环境
➢　熟练安装 SQL Server 2000 数据库前的准备

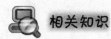 相关知识

1. 安装 SQL Server 2000 所需环境及要求

1）系统硬件环境要求

SQL Server 2000 常见的版本有：企业版（Enterprise Edition）、标准版（Standard Edition）、个人版（Personal Edition）和开发版（Developer Edition）。

为了能够正确安装 Microsoft SQL Server 2000 或 SQL Server 2000 客户端工具，以及保证将来 SQL Server 2000 能够正常运行，计算机的芯片、内存、硬盘空间都应满足一定的要求。硬件环境应满足的最低要求如表 4-1 所示。

表 4-1 硬件环境应该满足的最低要求

硬　件	最 低 要 求
计算机	Intel 或其兼容机 Pentium 166MHz 或更高
内存	企业版：至少 64MB 标准版：至少 64MB 个人版：Windows 2000 以上至少 64MB，其他操作系统上至少 32MB 开发版：至少 64MB
硬盘空间	完全安装：180MB 典型安装：170MB 最小安装：65MB
显示器	需要设置成 800×600 像素或更高分辨率才能使用图形工具

2）系统软件环境要求

对软件环境的要求主要指对操作系统的要求。不同版本对操作系统的要求也不一样，表 4-2 列出了不同版本对操作系统的具体要求。

表 4-2 SQL Server 2000 不同版本对操作系统的要求

SQL Server 2000 版本	操作系统要求
企业版	Windows NT Server Windows 2000 Server Windows 2000 Advanced Server Windows 2000 Data Center Server
标准版	Windows NT Server Windows 2000 Server Windows 2000 Advanced Server Windows 2000 Data Center Server
个人版	Windows 98 Windows NT 4.0 Workstation Windows 2000 Professional Windows NT 4.0 Server Windows 2000 Server 或更高版本的 Windows 操作系统
开发版	Windows NT 4.0 Workstation Windows 2000 Professional 所有 Windows NT 和 Windows2000 操作系统

2. 安装前的准备

SQL Server 2000 可以是全新安装，也可以在以前版本（如 SQL Server 7.0）的基础上进行升级安装。

在开始安装 SQL Server 2000 之前，首先应完成以下操作：

- 如果是在 Windows NT/2000 上安装 SQL Server 2000，应先建立一个或多个域用户账户。
- 使用具有本地管理员权限的用户账户或适当权限的域用户账户登录到系统。
- 关闭所有依赖于 SQL Server 的服务。
- 关闭 Windows NT 的 Event Viewer 和 Regedit.exe（或 Regedit32.exe）。

4.1.2 数据库系统的安装

 学习目标

- ➢ 了解 SQL Server 2000 的安装步骤
- ➢ 熟练地安装 SQL Server 2000
- ➢ 能够卸载 SQL Server 2000

 操作步骤

1. 安装

下面以在 Windows 2000 Server 操作系统上安装 SQL Server 2000 标准版为例，具体介绍安装 SQL Server 2000 的过程。其他版本的安装过程与此类似。

（1）将安装光盘插入光驱，将自动运行安装程序，打开安装界面，如图 4-1 所示。

图 4-1　SQL Server 2000 标准版安装界面

提示：如果没有出现提示框，可以双击安装光盘的"SETUP"程序图标。

（2）单击"安装 SQL Server 2000 组件"，打开选择安装组件界面，如图 4-2 所示。

图 4-2 "选择安装组件"窗口

（3）单击"安装数据库服务器"，打开"欢迎"对话框，如图 4-3 所示。

提示：如果在不支持的操作系统上安装，如在 Windows 98 上安装 SQL Server 2000 标准版，系统将弹出警告信息，提示用户只能安装客户端组件或重新安装其他版本。

（4）单击"下一步"按钮，打开"计算机名"对话框，如图 4-4 所示。

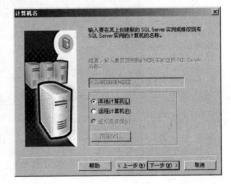

图 4-3 "欢迎"对话框   图 4-4 "计算机名"对话框

（5）选中"本地计算机"，单击"下一步"按钮，打开"安装选择"对话框，如图 4-5 所示。

提示：所谓本地计算机即正在运行安装程序的计算机。如果要进行远程安装，可以选中"远程计算机"并在输入框中输入远程计算机的名称。虚拟服务器表示安装到虚拟计算机中。

（6）选择"创建新的 SQL Server 实例，或安装客户端工具"选项，单击"下一步"按钮，打开"用户信息"对话框，如图 4-6 所示。

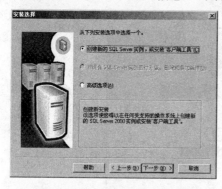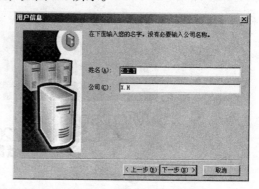

图 4-5 "安装选择"对话框   图 4-6 "用户信息"对话框

提示："对现有 SQL Server 实例进行升级、删除或添加组件"用于对已有的 SQL Server 实例进行修改，如将 SQL Server 7.0 升级到 SQL Server 2000。如果是第一次安装，该选项为灰色。

（7）输入"姓名"及"公司名称"，其中，姓名是负责使用和管理服务器的人员的名称，公司名称可以不输入。单击"下一步"按钮，打开"软件许可证协议"对话框，如图 4-7 所示。

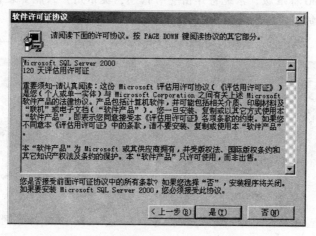

图 4-7 "软件许可证协议" 对话框

提示：某些 SQL Server 2000 版本，可能还需要输入产品的序列号。

（8）单击"是"按钮，打开"安装定义"对话框，如图 4-8 所示。为了安装 SQL Server 2000，必须接受这个协议。

（9）选择"服务器和客户端工具"选项，单击"下一步"按钮，打开"实例名"对话框，如图 4-9 所示。

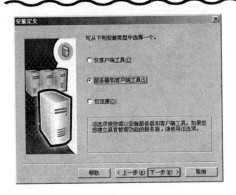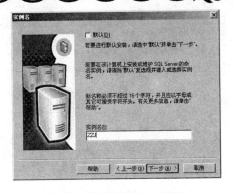

图 4-8 "安装定义"对话框   图 4-9 "实例名"对话框

> **提示**：如果在其他机器上安装了 SQL Server 2000，可以选择"仅客户端工具"
> 选项，用于对其他机器上的 SQL Server 2000 的存取。

（10）所谓实例名就是 SQL Server 2000 服务器的名称。如果使用默认实例名，则 SQL Server 2000 服务器的名称与 Windows 服务器的名称相同。输入"实例名"，可以为 SQL Server 2000 服务器定义一个新的名称。此处输入实例名为"ZZJ"，即定义 SQL Server 2000 服务器名为"ZZJ"。单击"下一步"按钮，打开"安装类型"对话框，如图 4-10 所示。

图 4-10 "安装类型" 对话框

> **提示**：SQL Server 2000 在同一台机器上允许安装多个实例，当计算机上已安
> 装了 SQL Server 2000 实例时，"默认"复选框为灰色。

（11）单击"浏览"按钮，可以指定新的安装位置。此处选中"典型"，并指定安装位置为"D:\Promram Files\Microsoft SQL Server\MSSQL$ZZJ"。单击"下一步"按钮，打开"服务账户"对话框，如图 4-11 所示。

（12）在"服务账户"对话框中，可以将登录账户指派给两个 SQL Server 服务，也可以指定登录账户为本地系统账户或域用户账户。此处选择"对每个服务使用同一账户，自动启动 SQL Server 服务"及"使用域用户账户"选项，并输入密码（即 Windows 登录密码）。单击"下一步"按钮，打开"身份验证模式"对话框，如图 4-12 所示。

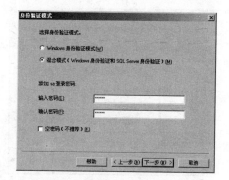

图 4-11 "服务账户"对话框　　　　　　图 4-12 "身份验证模式"对话框

提示： 如果使用本地系统账户，不需要设置密码，但没有网络访问权限。

（13）如果选择"Windows 身份验证模式"选项，则 SQL Server 2000 使用 Windows 操作系统中的信息验证用户的账户和密码。如果选择"混合模式"选项，则允许用户使用 Windows 身份验证或 SQL Server 身份验证，此时应输入系统管理员（sa）的登录密码，而空密码是不建议采用的。此处选择"混合模式"选项，并输入密码及确认密码"zzj2000"。单击"下一步"按钮，打开"开始复制文件"对话框，如图 4-13 所示。

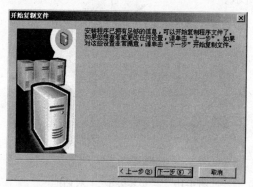

图 4-13 "开始复制文件"对话框

提示： 使用 Windows 98 时只能选择混合模式，且只有采用混合模式才能使用 "sa"用户登录。

（14）单击"下一步"按钮，打开"选择许可模式"对话框，以使客户端可以访问 SQL Server 2000，并设置授权的数量，如图 4-14 所示。SQL Server 2000 支持两种客户端访问许可模式，即"每客户"和"处理器"许可模式。"每客户"许可模式用于设备（工作站、终端或运行连接到 SQL Server 服务器的任何其他设备）访问 SQL Server 服务器，要求每个设备都具有一个客户端访问许可证。"处理器"许可模式中的处理器指安装在 SQL Server 服务器上的中央处理器（CPU）。一台计算机可以安装多个处理器，每个处理器需要一个许可证。"处理器"许可模式允许任意数目的设备访问 SQL Server 服务器，通过 Internet 或拥有大量用户的客户访问 SQL Server 服务器通常选择"处理器"许可模式。

（15）单击"继续"按钮，安装程序将开始复制文件、安装组件、配置服务和创建数据库等。当完成安装后，将出现"安装完毕"对话框，如图 4-15 所示。

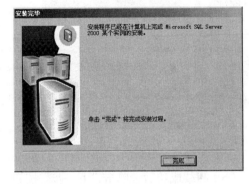

图 4-14　"选择许可模式"对话框　　　　图 4-15　"安装完毕"对话框

（16）单击"完成"按钮，将结束 SQL Server 2000 的安装。

2. 卸载

在卸载 SQL Server 2000 之前，应当备份所有的系统数据库和用户数据库，以备以后重建数据库服务器，然后卸载 SQL Server 2000。

（1）安装光盘插入光驱，将自动运行安装程序，按照安装 SQL Server 2000 步骤，执行至第（5）步，如图 4-16 所示。

（2）选择"对现有 SQL Server 实例进行升级、删除或添加组件"选项，单击"下一步"按钮，打开"实例名"对话框，如图 4-17 所示。

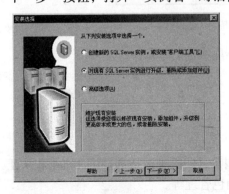

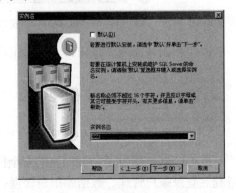

图 4-16　"选择安装"对话框　　　　　　图 4-17　"实例名"对话框

（3）选择需要卸载的数据库实例名，单击"下一步"按钮，打开"现有安装"对话框，如图 4-18 所示。

（4）选择"卸载现有安装"选项，单击"下一步"按钮，打开"卸载"对话框，安装程序将完成对指定数据库实例的卸载，如图 4-19 所示。

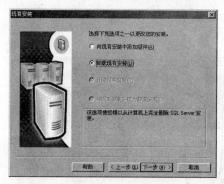　　　　　　　　　　

图 4-18　　"现有安装"对话框　　　　　图 4-19　　"卸载"对话框

（5）卸载成功后，单击"下一步"按钮，打开"安装完毕"对话框，如图 4-20 所示。

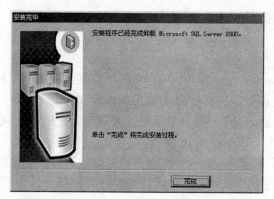

图 4-20　　"安装完毕"对话框

（6）单击"完成"按钮，完成指定数据库实例的卸载。

4.2　日志管理

SQL Server 提供了一套完整的安全机制，这些机制包括选择认证机制和认证进程、登录账户管理、数据库用户管理、角色管理等。

4.2.1 日志文件的概念

学习目标

➢ 了解日志文件的概念
➢ 了解事务的概念

相关知识

在 SQL Server 2000 中，数据库必须至少包含一个数据文件和一个事务日志文件。数据和事务日志信息从不混合在同一文件中，并且每个文件只能由一个数据库使用。日志文件用来记录数据库的事务日志，即记录所有事务及每个事务对数据库所做的修改。事务日志是数据库的重要组件，如果系统出现故障，就需要使用事务日志将数据库恢复到正常状态。例如，使用 INSERT、UPDATE、 DELETE 等对数据库进行更新的操作都会记录在此文件中，而如 SELECT 等对数据库内容不会有影响的操作则不会记录在案。一个数据库可以有一个或多个事务日志文件。

SQL Server 2000 的日志文件从逻辑上看记录的是一连串日志记录。每条日志记录都由日志序列号（LSN）标识。每条新的日志记录均写在日志的逻辑结尾处，并使用一个比前面记录的更高的日志序列号。

从物理结构上看，SQL Server 将每个日志文件都分成了多个虚拟日志文件。虚拟日志文件没有固定大小，并且数量也不固定。SQL Server 在创建或扩展日志文件时，动态选择虚拟日志文件的大小。在扩展日志文件后，虚拟文件的大小是现有日志大小和新文件增量大小之和。日志文件的大小最少是 1MB，默认扩展名是.ldf。管理员不能配置或设置虚拟日志文件的大小或数量。

SQL Server 使用各数据库的事务日志来恢复事务。事务是作为单个逻辑工作单元执行的一系列操作，如在数据库中创建一张数据表，对数据表中的某一数据进行修改等操作都是一个事务。事务日志是数据库中已发生的所有修改和执行每次修改的事务的一连串记录。事务日志记录每个事务的开始。它记录了在每个事务期间，对数据的更改及撤销所做更改（以后如有必要）所需的足够信息。对于一些大的操作如创建索引（CREATE INDEX），事务日志则记录该操作发生的事实。随着数据库中发生被记录的操作，日志会不断地增长。

4.2.2 日志文件的查看与备份

学习目标

➢ 掌握使用 T-SQL 语句查看日志文件

- ➢ 掌握使用企业管理器查看日志文件
- ➢ 掌握事务日志备份的方法

操作步骤

对于已有数据库，可利用企业管理器或 T-SQL 语句来查看数据库的日志文件信息。

1. 使用 T_SQL 语句

在查询分析器中，可以使用系统存储过程 sp_helpdb 来查看数据库定义信息，其语法格式如下：

EXEC sp_helpdb 数据库名

【实例 4-1】　查看 Educational 数据库的日志文件信息。

在查询分析器中输入 SQL 语句并执行，如图 4-21 所示。

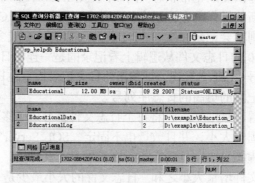

图 4-21　查看 Educational 数据库的日志文件信息

【实例 4-2】　查看 student 数据库的日志文件信息。

在查询分析器中输入 SQL 语句并执行，如图 4-22 所示。

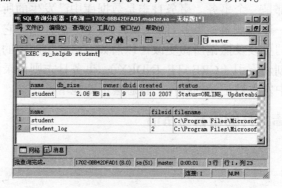

图 4-22　student 数据库的日志文件信息

2. 使用 SQL-EM

下面以查看 Educational 数据库日志文件为例，介绍利用企业管理器查看数据库日志文件的具体操作步骤。

（1）启动 SQL-EM，展开左侧窗口的"数据库"节点，右击要查看的数据库 Educational，然后单击"属性"命令。

（2）在出现的"属性"对话框中，单击"事务日志"选项卡，查看数据库的日志文件信息，如图 4-23 所示。

图 4-23　查看事务日志文件

3. 日志文件的备份

事务日志是自上次备份事务日志后对数据库执行的所有事务的一系列记录。SQL Server 支持事务日志备份，日志备份序列提供了连续的事务信息链，可支持从数据库差异或文件备份中快速恢复。一般情况下，事务日志备份比数据库备份使用的资源少，因此可以比数据库备份更经常地创建事务日志备份。经常备份将减少丢失数据的危险。若要应用事务日志备份，必须满足下列要求：

- 必须先还原紧位于前面的完整数据库备份或差异数据库备份。
- 在完整数据库备份或差异数据库备份后创建的所有事务日志必须按时间顺序还原。如果此事务日志链中的事务日志备份丢失或损坏，则只能还原丢失的事务日志之前的事务日志。
- 直到应用完最后一个事务日志之后，才能恢复数据库。如果要在还原其中一个中间事务日志备份之后恢复数据库，则在日志链结束之前，除非从完整数据库备份开始重新启动整个还原顺序，否则，将无法还原该点之前的数据库。

事务日志备份只能与完全恢复模型和大容量日志记录恢复模型一起使用。

1）使用 SQL 语句

通过执行 BACKUP LOG 语句备份事务日志，必须同时指定：

- 要备份的事务日志所属的数据库名称。
- 事务日志备份将写入的备份设备。

事务日志备份语句的基本语法格式为：

BACKUP LOG <数据库名> TO <备份设备名>

【实例 4-3】　在 D:\example 下创建 NorthWind 数据库的事务日志备份。

BACKUP LOG NorthWind TO DISK='D:\example'

2）使用 SQL-EM

（1）启动 SQL-EM，指向左侧窗口要备份的数据库节点，单击右键，打开快捷菜单，选择"所有任务"→"备份数据库"命令，打开"SQL Server 备份"对话框，如图 4-24 所示。

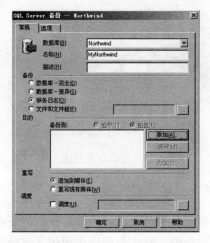

图 4-24　"SQL Server 备份"对话框

（2）在"名称"文本框中输入备份集名称，在"描述"文本框中输入对备份集的描述，在"备份"选项下单击"事务日志"。

提示：如果"事务日志"选项不可用，需确保恢复模型设置为"完全"或"大容量日志记录"。

（3）在"目的"选项下，单击"磁带"或"磁盘"，然后指定备份目的地，如果没有出现目的地，单击"添加"以添加现有的备份设备或创建新的备份设备，如图 4-25 所示。

（4）在"文件名"输入框中指定备份的物理文件名，也可以在"备份设备"输入框中指定备份的备份设备名。单击"确定"按钮，返回"SQL Server 备份"对话框。

（5）设置备份的各项参数，单击"确定"按钮，完成备份。

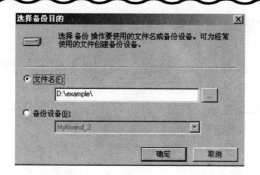

图 4-25　"选择备份目的"对话框

4.3　系统资源管理

4.3.1　数据库的物理结构

 学习目标

➢　掌握数据库的物理存储结构
➢　掌握数据库文件和文件组的相关知识

 相关知识

数据库在物理设备上的存储结构与存取方法称为数据库的物理结构，它依赖于给定的计算机系统。数据库在磁盘上是以文件为单位存储的，由数据库文件和事务日志文件组成，一个数据库至少应该包含一个数据库文件和一个事务日志文件。

1. 数据库文件

SQL Server 2000 中的每个数据库由多个操作系统文件组成。数据库的所有数据、对象和数据库操作日志均存储在这些操作系统文件中，根据这些文件作用的不同，可以将它们划分为以下三种。

1）主数据库文件

数据库文件是存放数据库数据和数据库对象的文件，一个数据库可以有一个或多个数据库文件，一个数据库文件只能属于一个数据库。当有多个数据库文件时，有一个文件被定义为主数据库文件（简称主文件），其扩展名为 mdf。

主数据库文件用来存储数据库的启动信息及部分或全部数据，是所有数据库文件的起点，包含指向其他数据库文件的指针。一个数据库只能有一个主数据库文件。

2）次数据文件

次数据文件扩展名为 ndf，每个数据库可以没有也可以有多个次数据文件。当一个单文件超过了 Windows 所允许的最大长度时，可以使用次数据文件使数据库长度继续增长。另外，使用次数据文件可以将数据存储到不同的磁盘上，以分散数据存放，同时也可以加快数据的存取速度。

3）事务日志文件

事务日志文件扩展名为 ldf，每个数据库必须至少有一个事务日志文件。SQL Server 2000 对数据库进行操作前，首先会自动将所要进行的操作记录到事务日志文件中，当数据库出现意外时就可以通过备份库和事务日志文件来恢复数据库。

2. 数据库文件组

文件组是文件的集合。允许对文件进行分组，以便于管理数据的分配和放置。当一个数据库由多个文件组成时，可以将这些数据库文件存储在不同的地方，然后使用文件组把它们作为一个单元来管理。当系统硬件上包含了多个硬盘时，可以把特定的文件分配到不同的磁盘上，加快数据读/写速度。例如，可以分别在三个硬盘驱动器上创建三个文件（Data1.ndf、Data2.ndf 和 Data3.ndf），并将这三个文件指派到文件组 fgroup 中，然后，可以明确地在文件组 fgroup 上创建一个表。对表中数据的查询将分散到三个硬盘上，因而性能得以提高。

SQL Server 2000 一共有三种类型的文件组。

1）（Primary）文件组

这些文件组包含主数据文件及任何其他没有放入其他文件组的文件。系统表的所有页都从主文件组分配，主文件组不能被修改。SQL Server 2000 至少包含一个文件组，即主文件组。

2）用户自定义文件组

用户自定义文件组包括出于分配和管理目的而分组的数据文件。该文件组是用 CREATE DATABASE 或 ALTER DATABASE 语句中的 FILEGROUP 关键字命名的文件组，或在 SQL Server 企业管理器内的"属性"对话框上指定的任何文件组。

3）默认（default）文件组

默认文件组包含在创建时没有指定文件组的所有表和索引的页。在每个数据库中，每次只能有一个文件组是默认文件组。当创建一个数据库时，主文件组自动成为默认的文件组。对于未指定存储位置的数据库对象，将存储在默认文件组中。

提示：一个文件只能属于一个文件组，一个文件（组）只能用于一个数据库。事务日志文件不属于任何文件组。

3. 数据库文件的空间分配

数据库建立起来后，系统自动为数据库文件和日志文件分配了一定的空间，默认大小为 1MB，用户可以根据需要重新为其分配空间。具体方法为：展开服务器组，展开服务器实例；找到相应的数据库，单击鼠标右键，在弹出的快捷菜单中选择"属性"命令，打开"数据库属性"对话框；在"数据文件"或"事务日志"选项卡中的"分配的空间"栏里填入新的空间大小，如图 4-26 所示。值得注意的是，重新指定的数据库分配空间必须大于现有空间，否则 SQL Server 将会报错，如图 4-27 所示。

图 4-26 修改"数据库文件"的空间大小

图 4-27 新的空间大小必须大于原值

4.3.2 数据库文件的管理

 学习目标

➢ 掌握向数据库中添加数据文件
➢ 掌握修改文件的方法
➢ 掌握文件的删除

 操作步骤

1. 添加文件

若要创建数据库，必须先确定数据库的名称、所有者（创建数据库的用户）、大小，以及用于存储该数据库的文件和文件组。因此，在创建数据库时，首先要指定该数据库的文件、文件的初始大小和增长速度。

SQL Server 2000 文件从它们最初指定的大小自动增长。定义文件时可以指定增量。每次填充文件时，均按这个增量值增加它的大小。如果在文件组中有多个文件，这些文件在全部填满之前不自动增长。填满后，这些文件使用循环算法进行增长。还可以指定每个文件的最大大小。如果没有指定最大大小，文件可以一直增长到用完磁盘上的所有可用空间。

在创建数据库（详情参见 2.1.4 节）时，可以通过 T-SQL 语句、企业管理器及数据库创建向导分别添加文件。

1）使用 SQL 语句

使用 SQL 语句创建数据库时，需要设置文件的属性，具体设置如下：

```
CREATE DATABASE <数据库名>
[ON
{[PRIMARY]（NAME=<数据文件逻辑文件名>,
FILENAME='<数据文件物理文件名>'
[,SIZE=<数据文件大小>]
[,MAXSIZE=<数据文件最大尺寸>]
[,FILEGROWTH=<数据文件增量>]）
}[,…n]
]
[LOG ON
{（NAME=<逻辑文件名>,
FILENAME='<事务日志文件逻辑文件名>'
[,SIZE=<事务日志文件大小>]
[,MAXSIZE=<事务日志文件最大尺寸>]
[,FILEGROWTH=<事务日志文件增量>]）
}[,…n]
]
[FOR RESTORE]
```

其中，数据库中必须有一个主文件和日志文件。文件属性包括了逻辑文件名、物理文件名、文件初始大小、最大尺寸及文件增长幅度。默认情况下，系统自动为数据库文件分配的初始大小为 1MB。

【实例 4-4】　在 D 盘 example 文件夹下创建一个 Educational1 数据库，包含三个数据文件。主数据文件的逻辑文件名为 EducationalData1，实际文件名为 EducationalDat1.mdf，两个次数据文件的逻辑文件名分别为 Educational1 和 Educational2，实际文件名分别为 EducationalDat2.ndf 和 EducationalDat3.ndf。上述文件的初始容量均为 5MB，最大容量均为 50MB，递增量均为 1MB。

在查询分析器中输入 SQL 语句并执行，如图 4-28 所示。

图 4-28　创建数据库 Educational1

【实例 4-5】　演示创建数据库时添加新的文件。除此之外，还可以向一个已建立的数据库中增加文件，其语法格式为：

```
ALTER DATABASE <数据库名>
ADD FILE <文件格式>[,…n] [TO FILEGROUP <文件组名>]
<文件格式>::=
（NAME=<逻辑文件名>
[,FILENAME='<物理文件名>']
[,SIZE=<文件大小>]
[,MAXSIZE={<文件最大尺寸>|UNLIMITED}]
[,FILEGROWTH=<文件增量>]）
```

【实例 4-6】　向实例 4-4 的数据库 Educational1 中增加数据文件，其逻辑文件名为 EducationalData4，实际文件名为 EducationalDat4.ndf，初始容量均为 5MB，最大容量为 50MB，按 10%的比例增长。

在查询分析器中输入 SQL 语句并执行，如图 4-29 所示。

2）使用 SQL-EM

【实例 4-7】　利用 SQL-EM 创建数据库 student_new，将文件名设置为 studata.mdf，初始大小为 2MB，文件按 10%的比例增长，数据库文件最大大小为 100MB。

（1）启动 SQL-EM，展开服务器，指向左侧窗口的"数据库"节点，然后单击"新建数据库"命令。

（2）键入新数据库的名称。

用指定的数据库名作为前缀创建主数据和事务日志文件，例如：tudent_Data.mdf 和 student_Log.ldf。数据库和事务日志文件的初始大小与为 model 数据库指定的默认大小相同。主文件中包含数据库的系统表。

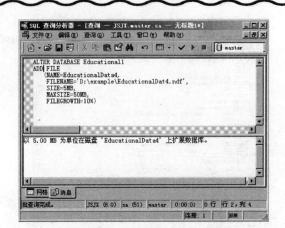

图 4-29　添加文件 EducationalData4

（3）要更改新建主数据库文件的默认值，单击"数据文件"选项卡，如图 4-30 所示。

（4）当需要更多的数据空间时，若要允许当前选定的文件增长，选择"文件自动增长"命令；若要指定文件按固定步长增长，选择"按兆字节"命令并指定一个值；若要指定文件按当前大小的百分比增长，选择"按百分比"命令，并且指定一个值。

这里选中"文件自动增长"，以及文件"按百分比"命令，并设值为 10%，如图 4-30 所示。

（5）若要允许文件按需求增长，选择"文件增长不受限制"命令；若要指定允许文件增长到的最大值，选择"将文件增长限制为 （MB）"命令。

这里选择"将文件增长限制为(MB)"命令，设置文件增长的最大值为 100MB，如图 4-30 所示。

图 4-30　数据库文件设置

2. 修改文件

1）使用 SQL 语句

修改数据库时，可以利用 Alter Database 语句更改文件的属性。例如，更改文件的名称和大小。其语法格式如下：

```
ALTER DATABASE <数据库名>
MODIFY  FILE
(NAME=<逻辑文件名>
[,FILENAME='<物理文件名>']
[,SIZE=<文件大小>]
[,MAXSIZE={<文件最大尺寸>|UNLIMITED}]
[,FILEGROWTH=<文件增量>])
```

【实例 4-8】　将实例 4-4 的数据库 Educational1 的主数据文件 EducationalData1 的初始分配空间大小调整为 12MB。

在查询分析器中输入 SQL 语句并执行，如图 4-31 所示。

【实例 4-9】　修改数据库 Educational1 的数据文件，将 EducationalData4 的初始分配空间大小调整为 10MB，最大空间为 100MB。

在查询分析器中输入 SQL 语句并执行，如图 4-32 所示。

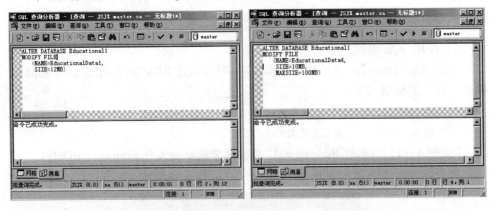

图 4-31　修改 Educational1 数据库主文件大小　　　图 4-32　修改数据库文件 EducationalData4

2）使用 SQL-EM

修改数据库可以用企业管理器，因此修改数据文件也可以通过企业管理器实现。下面以扩大 Educational 数据库为例，介绍用 SQL-EM 修改数据文件的方法。

（1）启动 SQL-EM，展开左侧窗口"数据库"文件夹，指向 Educational 数据库节点，单击右键，打开快捷菜单，选择"属性"命令，打开"数据库属性"对话框。

（2）单击"数据文件"选项卡，对构成该数据库的数据文件进行修改，如图 4-33 所示。在该窗口中可以进行扩大数据库容量的操作，但值得注意的是，在这里不可以进行缩小数据库容量的操作，并且必须按至少 1MB 增加数据库的大小。若想将 Educational 数据库的数据文件 Educational1 的大小由原来的 5MB 增加到 10MB，只需在"分配的空间"栏目中输入"10"即可。同样地，可以利用该窗口来扩大其他数据库文件的大小。只要单击文件所在行位置，输入相应的数据文件名及其位置、大小即可。

图 4-33　扩大数据文件容量

3. 删除文件

1）使用 SQL 语句

利用 Alter Database 语句修改数据库时，可以通过 REMOVE FILE 命令删除数据库文件。语法格式为：

```
ALTER DATABASE <数据库名>
REMOVE FILE <逻辑文件名>
```

【实例 4-10】　删除 Educational1 数据库中的数据文件 EducationalData4。

在查询分析器中输入 SQL 语句并执行，如图 4-34 所示。

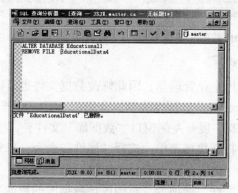

图 4-34　在查询分析器中删除数据文件

2）使用 SQL-EM

可以通过企业管理器删除数据库文件，这里以删除 Educational1 数据库中的 Educational1 数据文件为例来说明。

（1）启动 SQL-EM，展开左侧窗口"数据库"文件夹，指向 Educational 数据库节点，单击右键，打开快捷菜单，选择"属性"命令，打开"数据库属性"对话框。

（2）单击"数据文件"选项卡，如图 4-33 所示，在这里可以删除该数据库中的文件。选中要删除的文件所在的那一行，单击"删除"命令，如图 4-35 所示。单击"确定"按钮，Educational1 文件被删除。

图 4-35　使用 SQL-EM 删除数据文件

提示： 只有在文件为空时才能删除。

4.3.3　数据库文件组的管理

　学习目标

➢ 掌握向数据库添加文件组
➢ 掌握数据库文件组的管理

　相关知识

1．创建文件组

文件组是在数据库中对文件进行分组的一种管理机制。文件组不能独立于数据库文件创建。SQL Server 2000 在没有文件组时也能有效地工作，因此许多系统不需要指定用户定义文件组。在这种情况下，所有文件都包含在主文件组中，而且 SQL Server 2000 可以在数据库内的任何位置分配数据。文件组不是在多个驱动器之间分配 I/O 的唯一方法。

最多可以为每个数据库创建 256 个文件组。文件组只能包含数据文件。事务日志文件不能是文件组的一部分。

在建立文件组时，必须遵循下面的三条规则：

- 数据库文件不能与一个以上的文件组关联。当你分配一个表或索引到一个文件组时，与该表或索引关联的所有页都会与该文件组关联。
- 事务日志文件不能加到文件组里。事务日志数据与数据库数据的管理方式不同。
- 只有文件组中任何一个文件都没有空间了，文件组的文件才会自动增长。

需要注意的是，可以将用户文件组设成只读，数据不能更改，但可以修改目录以执行权限管理等工作。

在创建数据库（详情参见 2.1.4 节）时，可以通过 T-SQL 语句、企业管理器及数据库创建向导分别添加文件组，同时也可以通过修改数据库语句 ALTER DATABASE 向数据库中添加文件组。下面分别以实例说明。

【实例 4-11】　在 SQL Server 2000 的默认实例上创建数据库 MyDB。该数据库包括一个主要数据文件、一个用户定义的文件组和一个事务日志文件。主要数据文件在主文件组中，而用户定义文件组有两个次要数据文件。最后，通过指定用户定义的文件组来创建数据表 MyTable。

在查询分析器上输入 SQL 语句并执行，如图 4-36 所示。

图 4-36　实例 4-11 的执行结果

【实例 4-12】　　在实例 4-10 创建的数据库 MyDB 中创建两个文件组 MyDB_FG2、MyDB_FG3，并将两个 5 MB 的文件添加到 MyDB_FG2 文件组。

在查询分析器上输入 SQL 语句并执行，如图 4-37 所示。

图 4-37　实例 4-12 的执行结果

2. 更改文件组

ALTER DATABASE 语句可以在数据库中添加文件组，同时也可以利用 MODIFY FILEGROUP 命令更改文件组的属性。

【实例 4-13】　　将文件组 MyDB_FG2 设置为数据库 MyDB 的主文件组。

在查询分析器上输入 SQL 语句并执行，如图 4-38 所示。

图 4-38　更改文件组设置

3. 删除文件组

1）使用 SQL 语句

可以使用 ALETR DATABASE 语句的 REMOVE FILEGROUP 命令删除数据库中的文件组。

【实例 4-14】　删除数据库 MyDB 中的文件组 MyDB_FG3。

在查询分析器中输入 SQL 语句并执行，如图 4-39 所示。

2）使用 SQL-EM

删除文件组不仅可以通过 SQL 语句实现，也可以在企业管理器中进行。

如果要删除 MyDB 数据库中的其中一个文件组，首先打开该数据库的属性，选择文件组选项卡，如图 4-40 所示。选中要删除文件组的所在行，然后单击"删除"按钮即可。删除文件组时需注意，必须保证该文件组不是默认文件组，同时该文件组里面不能包含任何文件。

图 4-39　删除文件组　　　　图 4-40　在"文件组"选项卡中选中要删除的文件组

4.3.4　事务日志文件的管理

学习目标

➤ 掌握事务日志文件的添加
➤ 掌握事务日志文件的删除
➤ 熟练掌握事务日志文件的管理方法

相关知识

1．添加日志文件

和添加数据库文件一样，添加事务日志文件可以扩展数据库。但是事务日志文件不能放置在压缩的文件系统中。向数据库中添加事务日志文件时，需要指定事务日志文件的初始大小。如果文件中的空间已用完，可以设置该文件应增长到的最大大小，还可以设置文件增长的增量。如果未指定文件的最大大小，那么文件将无限增长，直到磁盘已满。若未指定文件增量，日志文件的默认增量为 10%，最小增量为 64KB。

SQL Server 对每个文件组内的所有文件使用按比例填充策略，并写入与文件中可用空间成比例的数据量。这可以使新文件立即投入使用。通过这种方式，所有文件通常可以几乎同时充满。但是，事务日志文件不能作为文件组的一部分，它们是相互独立的。事务日志增长时，使用填充到满的策略而不是按比例填充策略，先填充第一个日志文件，然后填充第二个，依此类推。因此，当添加日志文件时，事务日志无法使用该文件，直到其他文件已填充。

可以使用 SQL 语句和 SQL-EM 添加事务日志文件。

2. 管理日志文件的大小

如果从来没有从事务日志中删除日志记录，逻辑日志就会一直增长，直到填满容纳物理日志文件的磁盘上的所有可用空间。这就是很多用户担心日志文件一直增长，并最终因为没有可利用的资源而导致系统崩溃的原因。其实，只要正确地从事务日志文件中删除日志记录，日志文件的空间得以重复利用，就可以把数据库的日志文件控制在一个范围内不再增长。

从事务日志中删除日志记录，以减小逻辑日志的大小过程称为截断日志。每个事务日志文件都被逻辑地分成称为虚拟日志文件的较小的段。虚拟日志文件是事务日志文件的截断单位。当虚拟日志文件不再包含活动事务的日志记录时，可以对其进行截断处理，使其空间可用于记录新事务。

日志截断在下列情况下发生：

执行完 BACKUP LOG 语句时。

如果数据库使用的是简单恢复模式，自动检查点将截断事务日志中没有使用的部分。

提示：日志截断只减小逻辑日志文件的大小，而不减小物理文件的大小。如果要减小日志文件的物理大小，应该收缩物理日志文件。这意味着日志文件可能占用了 2GB 的磁盘空间，但日志文件中包含的有用日志记录信息可能只有几百 KB。

在下列情况下，日志文件的物理大小将减少：

① 执行 DBCC SHRINKDATABASE 语句时。

② 执行引用日志文件的 DBCC SHRINKFILE 语句时。

③ 自动收缩操作发生时。

日志收缩操作依赖于最初的日志截断操作。日志截断操作不减小物理日志文件的大小，但减小逻辑日志的大小，并将没有容纳逻辑日志任何部分的虚拟日志标记为不活动。日志收缩操作会删除足够多的不活动虚拟日志，将日志文件减小到要求的大小。

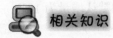相关知识

1. 使用 SQL 语句添加日志文件

【实例 4-15】 向实例 4-4 创建的数据库 Educational1 中添加一个事务日志文件，文件名为 d:\example\ Educational2.ldf，逻辑文件名为 Educational2_log，日志文件初始大小为 1MB，且文件增长不受限制，增长幅度为 2MB。

在查询分析器中输入 SQL 语句并执行，如图 4-41 所示。

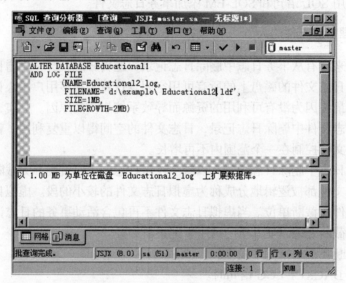

```
ALTER DATABASE Educational1
ADD LOG FILE
        (NAME=Educational2_log,
        FILENAME='d:\example\ Educational2.ldf',
        SIZE=1MB,
        FILEGROWTH=2MB)
```

以 1.00 MB 为单位在磁盘 'Educational2_log' 上扩展数据库。

图 4-41　实例 4-15 运行结果

2. 使用 SQL-EM

【实例 4-16】 利用 SQL-EM 向实例 4-4 创建的数据库 Educational1 中添加一个事务日志文件，文件名为 d:\example\Educational3.ldf，逻辑文件名为 Educational3_log，日志文件初始大小为 2MB，且文件增长不受限制，增长幅度为 2MB。

（1）启动 SQL-EM，展开服务器，指向左侧窗口的"数据库"节点，展开数据库，然后右键单击 student 数据库，选择"属性"命令。

（2）在"数据库属性"对话框中，选择"事务日志"选项卡，选择 Educational2_Log 日志文件所在网格的下一行，添加新的日志文件。其中逻辑文件名为 Educational3_log，单击位置按钮（…），设置路径 d:\example\，文件名为 Educational3.ldf，初始大小设置为 2MB。在文件属性里选中"文件自动增长"复选框，设置文件增长幅度为 2MB，且增长不受限制，如图 4-42 所示。

（3）单击"确定"按钮，完成事务日志文件添加。

图 4-42　添加事务日志文件

3. 删除日志文件

要删除的事务日志文件将从数据库中删除。只有文件中没有事务日志信息完全为空时，才可以从数据库中删除。文件必须将事务日志数据从一个日志文件移至另一个日志文件，不能清空事务日志文件。若要从事务日志文件中删除不活动的事务，必须截断或备份该事务日志。事务日志文件不再包含任何活动或不活动的事务时，可以从数据库中删除。

1）使用 SQL 语句

使用 ALTER DATABASE 语句修改数据库时，利用 REMOVE FILE 命令可以删除数据库事务日志文件。

【实例 4-17】　删除实例 4-15 中添加到 Educational1 数据库中的事务日志文件 Educational3_log。

在查询分析器中输入 SQL 语句并执行，如图 4-43 所示。

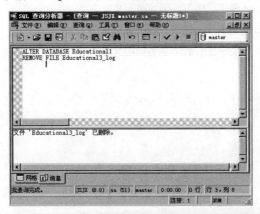

图 4-43　实例 4-17 运行结果

2）使用 SQL-EM

【实例 4-18】　利用 SQL-EM 删除实例 4-15 中添加到 Educational1 数据库中的事务日志文件 Educational2_log。

（1）启动 SQL-EM，展开服务器，指向左侧窗口的"数据库"节点，展开数据库，然后右键单击 student 数据库，选择"属性"命令。

（2）在"数据库属性"对话框中，选择"事务日志"选项卡，如图 4-42 所示。

（3）在"事务日志文件"网格中，选择要删除的文件 student1_log 所在行，再单击"删除"按钮。

本章习题

1. SQL Server 2000 包括哪些版本？其中能够在 Windows 2000 Advanced Server 上安装的可以有哪几个版本？

2. SQL Server 2000 对软硬件环境有什么要求？

3. 什么是事务日志文件？

4. 查看日志文件有什么方法？

5. 用 T-SQL 语句查看 student 数据库的日志文件。

6. 简述数据库的物理结构。

7. 简述 SQL Server 2000 中文件组的作用。

8. 数据库由哪几种类型的文件组成？其扩展名是什么？

9. 一个数据库可以包含几个主数据文件和几个次数据文件？

10. 主数据文件和事务日志文件可以属于同一文件组吗？日志文件可以成为文件组的成员吗？

11. 如何用 SQL-EM 添加、修改、删除数据文件？

12. 如何用 T-SQL 语句添加、修改、删除数据文件？

13. 如何用 T-SQL 语句添加、删除事务日志文件？

第5章 数据挖掘与分析

内容提要 本章主要介绍了数据挖掘、数据抽样、视图的创建的概念及方法。
重点难点 视图的概念及作用。

5.1 数据挖掘基础知识

5.1.1 数据挖掘技术概述

 学习目标

➢ 理解数据挖掘的概念
➢ 了解数据挖掘技术的产生过程与发展

 相关知识

1. 概念

数据挖掘（Data Mining）是一个或多学科的交叉研究领域，它融合了数据库（Database）技术、人工智能（Artificial Intelligence）、机器学习（Machine Learning），统计学（Statistics）、知识工程（Knowledge Engineering）、面向对象方法（Object-Oriented Method）、信息检索（Information Retrieval）、高性能计算（High-Performance-Computing）及数据可视化（Data visualization）等最新技术的研究成果。经过十几年的研究，产生了许多新概念和新方法。特别是最近几年，一些基本概念和方法趋于清晰，它的研究正向着更为深入的方向发展。

数据挖掘和知识发现使数据处理技术进入了一个更高级的阶段。它不仅能对过去的数据进行查询，而且能够找出这些数据之间的潜在联系，进行更高层次的分析，以便更好地做出理想的决策、预测未来的发展趋势等。通过数据挖掘，有价值的知识、规则或高层次的信息就能从数据库的相关数据集合中抽取出来，从

而使大型数据库作为一个丰富、可靠的资源为知识的提取服务。

1）什么是数据挖掘

数据挖掘是在大型数据存储库中，自动地发现有用信息的过程。数据挖掘技术用来探查大型数据库，发现先前未知的有用模式。数据挖掘还具有预测未来、观测结果的能力。例如，预测一位新的顾客是否会在一家百货公司消费 100 美元以上。

数据挖掘与传统的数据分析（如查询、报表、联机应用分析）的本质区别是：数据挖掘是在没有明确假设的前提下去挖掘信息、发现知识的。数据挖掘所得到的信息应具有先前未知，有效和可实用三个特征。先前未知的信息是指该信息是预先未曾预料到的。数据挖掘是要发现那些不能靠直觉发现的信息或知识，甚至是违背直觉的信息或知识，挖掘出的信息越是出乎意料，就可能越有价值。在商业应用中最典型的例子就是，一家连锁店通过数据挖掘发现了小孩尿布和啤酒之间有着惊人的联系。

2）数据挖掘与知识发现

谈到数据挖掘，必须提到另外一个名词：数据库中的知识发现（Knowledge Discovery in Database，KDD）。

KDD 是一个更广义的范畴，它包括输入数据、数据预处理、数据挖掘、后处理等一系列步骤。这样，我们可以把 KDD 看做是一些基本功能构件的系统化协同工作系统，而数据挖掘则是这个系统中的一个关键的部分。KDD 是将未加工的数据转换为有用信息的整个过程，如图 5-1 所示。该过程包括一系列转换步骤：从数据的预处理到数据挖掘结果的后处理。

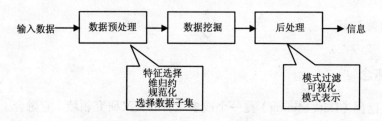

图 5-1   数据库中知识发现（KDD）过程

2. 数据挖掘的产生与发展

任何一项新技术都是基于实际需要而产生的。数据挖掘也不例外。

自 20 世纪 60 年代以来，数据库技术开始系统地从原始的文件处理发展为复杂的、功能强大的数据库系统，发展阶段可粗略分为数据搜集、数据访问和数据仓库三个阶段，如表 5-1 所示。数据库系统也从早期的层状和网状数据库系统发展为关系数据库系统。结构化查询语言、联机事务处理、多维数据库等技术使大量数据的有效存储、检索和管理成为可能。20 世纪 80 年代以来，人们研究开发了各种新的功能强大的数据库系统，包括空间的、时间的、多媒体的事务数据库和科学数据库、知识库、办公信息库在内的数据库系统。随着网络技术的发展，基于 Internet 的 Web 数据库也被广泛研究和应用。

表 5-1　数据库的发展历史

发 展 阶 段	商 业 问 题	支 持 技 术	产 品 厂 家	产 品 特 点
数据搜集 （20 世纪 60 年代）	"过去五年中我的总收入是多少？"	计算机、磁带和磁盘	IBM，CDC	提供历史性的、静态的数据信息
数据访问 （20 世纪 80 年代）	"去年三月的销售额是多少？"	关系数据库（RDBMS），结构化查询语言（SQL），ODBC	Oracle、Sybase、Informix、IBM、Microsoft	在记录级提供历史性的、动态数据信息
数据仓库；决策支持 （20 世纪 90 年代）	"去年三月的销售额是多少？据此可得出什么结论？"	联机分析处理（OLAP）、多维数据库、数据仓库	Pilot、Comshare、Arbor、Cognos、Microstrategy	在各种层次上提供回溯的、动态的数据信息
数据挖掘（目前流行）	"下个月的销售会怎么样？为什么？"	高级算法、多处理器计算机、海量数据库	SPSS、SAS、IBM、SGI 等其他公司	提供预测性的信息

　　数据库技术的应用给大量甚至海量数据的存储、管理和查询带来了极大方便。

　　与此同时，出现了一个新的问题："数据丰富，但信息（知识）贫乏"。快速增长的海量数据收集、存放在大量的大型数据库中，如果没有强有力的分析工具，人们无法有效地理解和利用它们。这些海量数据的利用率很低，有的甚至成为了"数据坟墓"，难得成为再访问的数据。此外，20 世纪下半叶发展起来的专家系统，也遇到"知识获取"这一瓶颈问题。在此背景下，对强有力的数据分析工具的需求推动了数据挖掘技术的产生。

　　数据挖掘技术是人们长期对数据库技术进行研究开发的结果，它使数据库技术进入了一个更高级的阶段。它不仅能对历史数据进行查询和遍历，而且能够找出历史数据之间的潜在联系，促进信息的传递，进而"自动"或者帮助人们发现新的知识。

　　研究数据挖掘的历史，可以发现它的产生和快速发展是与商业数据库的飞速增长应用分不开的，特别是 20 世纪 90 年代较为成熟的数据仓库广泛应用于各种领域。人们把存放在这些数据仓库中的原始数据看做是形成知识的源泉，蕴含知识黄金的金矿，而数据挖掘则作为一个强有力的采矿机应运而生。原始数据可以是结构化的，如关系数据库中的数据；也可以是半结构化的，如文本、图形、图像数据，甚至还可以是分布在网络上的异构型数据。数据挖掘的方法可以是数学的，也可以是非数学的，可以是演绎的，也可以是归纳的。发现的知识可以用于信息管理、查询优化、决策支持、过程控制等，还可以用于数据自身的维护。

　　特别要指出的是，数据挖掘技术从一开始就是面向应用的。它不仅是面向特定数据库的简单查询，而且要对这些数据进行微观、中观乃至宏观的统计、分析、综合和推理，以指导实际问题的求解，发现事件间的相互关联，甚至利用已有的数据对未来的活动进行预测。如此，就把人们对数据的应用，从低层次的末端查询操作，提高到为各级决策者提供决策支持。这种需求驱动比数据库查询更为强大。同时还要指出的是数据挖掘的目的，不是要求发现放之四海皆准的真理，也不是去发现新的自然科学定理和纯数学公式，更不是机器定理证明。数据挖掘得到的知识是相对的，有特定前提和约束条件的，是面向特定领域的。由此也要求数据挖掘的结果必须是易于理解的，最好能用自然语言来表达。

最近，Gartner Group 的一次高级技术调查将数据挖掘和人工智能列为"未来三到五年内将对工业产生深远影响的五大关键技术"之首，并且还将并行处理体系和数据挖掘列为未来五年内投资焦点的十大新兴技术的前两位。根据最近 Gartner 的 HPC 研究表明，"随着数据捕获、传输和存储技术的快速发展，大型系统用户将需要更多地采用新技术来挖掘市场以外的价值，采用更为广阔的并行处理系统来创建新的商业增长点。"

5.1.2　数据挖掘的任务

学习目标

➢　理解预测建模的概念
➢　理解关联分析的概念
➢　理解聚类分析的概念
➢　理解异常检测的概念

相关知识

通常，数据挖掘任务分为下面两大类。

预测任务。这些任务的目标是根据其他属性的值，预测特定属性的值。被预测的属性一般称为目标变量（target variable）或因变量（dependent variable），而用来做预测的属性称为说明变量（explanatory variable）或自变量（independent variable）。

描述任务。这里，目标是导出概括数据中潜在联系的模式（相关、趋势、聚类、轨迹和异常）。本质上，描述性数据挖掘任务通常是探查性的，并且常常需要后处理技术验证和解释结果。

数据挖掘的主要任务如图 5-2 所示。

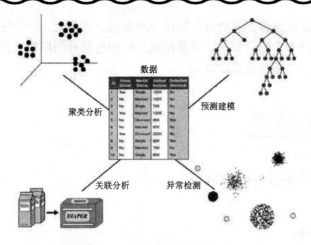

图 5-2 四种主要数据挖掘任务

1. 预测建模（predictive modeling）

预测建模涉及以说明变量函数的方式为目标变量建立模型。有两类预测建模任务：分类（classification），用于预测离散的目标变量；回归（regression），用于预测连续的目标变量。例如，预测一个 Web 用户是否会在网上书店买书是分类任务，因为该目标变量是二值的。预测某地区的未来天气预报是回归任务，因为天气预报具有连续值属性。两项任务目标都是训练一个模型，即使目标变量预测值与实际值之间的误差达到最小。预测建模可以用来确定顾客对产品促销活动的反应，预测地球生态系统的扰动，或根据检查结果判断病人是否患有某种特定的疾病。

2. 关联分析（association analysis）

关联分析用来发现描述数据中强关联特征的模式。所发现的模式通常用蕴涵规则或特征子集的形式表示。由于搜索空间是指数规模的，关联分析的目标是以有效的方式提取最有趣的模式。关联分析的应用包括找出具有相关功能的基因组、识别一起访问的 Web 页面、理解地球气候系统不同元素之间的联系等。

3. 聚类分析（cluster analysis）

聚类分析旨在发现紧密相关的观测值组群。与属于不同簇的观测值相比，使得属于同一簇的观测值相互之间尽可能类似。聚类可用来对相关的顾客分组、找出显著影响地球气候的海洋区域及压缩数据等。

4. 异常检测（anomaly detection）

异常检测的任务是识别其特征明显不同于其他数据的观测值。这样的观测值称为异常点（anomaly）或离群点（outlier）。异常检测算法的目标是发现真正的异常点，而避免错误地将正常的对象标注为异常点。换言之，一个好的异常检测器必须具有高检测率和低误报率。异常检测的应用包括检测欺诈、网络攻击、疾病的不寻常模式、生态系统扰动等。

5.2 数据抽样

5.2.1 数据抽样的概念

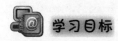

➢　了解数据抽样的概念
➢　了解数据抽样的基本步骤
➢　了解数据抽样的方法

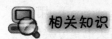

在数据挖掘中应用抽样技术，可以显著提高数据挖掘任务的效率。通过采用各种不同的抽样策略，使得数据挖掘算法可以针对比原始数据集小得多的样本数据集进行分析，从而大幅度提高性能。

抽样是一种选择数据对象子集并进行分析的常用方法。在统计学中，抽样长期用于数据的事先调查和最终的数据分析。在数据挖掘中，抽样也非常有用。然而，在统计学和数据挖掘中，抽样的动机并不相同。统计学使用抽样是因为得到感兴趣的整个数据集的费用太高、时间太长，而数据挖掘使用抽样是因为处理所有的数据的费用太高、时间太长。

1. 数据抽样的基本概念

1）总体（Population）

总体通常与构成它的元素（Element）共同定义：总体是构成它的所有元素的集合，而元素则是构成总体的最基本单位。

2）样本（Sample）

样本就是从总体中按一定方式抽取出的一部分元素的集合。

3）抽样（Sampling）

所谓抽样，指的是从组成某个总体的所有元素的集合中，按一定的方式选择或抽取一部分元素（总体的一个子集）的过程。或者说，抽样是从总体中按一定方式选择或抽取样本的过程。

4）抽样单位（Sampling Unit）

抽样单位就是一次直接的抽样所使用的基本单位。

5）抽样框（Sampling Frame）

抽样框又称做抽样范围，指的是一次直接抽样时总体中所有抽样单位的名单。

6）参数值（Parameter ）

参数值也称为总体值，它是关于总体中某一变量的综合描述，或者说是总体中所有元素的某种特征的综合数量表现。

7）统计值（Stlatistic）

统计值也称为样本值，它是关于样本中某一变量的综合描述，或者说是样本中所有元素的某种特征的综合数量的表现。

8）置信度（Confidence Level）

置信度又称为置信水平，它指的是总体参数值落在样本统计值某 区问内的概率，或者说是总体参数值落在样本统计值某一区间中的把握性程度。它反映的是抽样的可靠性程度。

9）置信区间（Confidence Interval）

它是指在一定的置信度下，样本统计值与总体参数值之间的误差范围。置信区间反映的是抽样的精确性程度。

2. 基本步骤

虽然不同的抽样方法具有不同的操作要求，但通常都要经历这样几个步骤。

1）界定总体

界定总体就是在具体抽样前，明确从中抽取样本的总体的范围与界限。

2）决定抽样方法

各种不同的抽样方法都有自身的特点和适用范围。因此，我们在具体实施抽样之前，应依据抽样的目的、界定的总体范围、要求确定样本的规模和要求量化的精确程度来决定具体采用哪种抽样方法。

3）设计抽样方案

设计抽样方案是指为实施抽样而制定的一组策划，包括抽样方法、抽样数量和样本判断准则等。

4）制定抽样框

制定抽样框就是依据已经明确界定的总体范围，收集总体中全部抽样单位的名单。

5）实际抽取样本

实际抽取样本就是在上述几个步骤的基础上，严格按照所选定的抽样方法，从抽样框中抽取一个个的抽样单位，构成样本。

6）样本评估

样本评估就是对样本的质量和代表性进行检验，其目的是防止因样本的偏差过大而导致的失误。

3. 数据抽样的方法

根据抽取对象的具体方式，抽样分为许多不同的类型。总的来说，各种抽样都可以归为概率抽样与非概率抽样两大类。这是两种有着本质区别的抽样类型。概率抽样是依据概率论的基本原理，按照随机原则进行的抽样，它能够避免抽样过程中的人为误差，保证样本的代表性；而非概率抽样主要是依据研究者的主观意愿、判断或是否方便等因素来抽取对象，不考虑抽样中的等概率原则，因而往往产生较大的误差，难以保证样本的代表性。

1）概率抽样

概率抽样又称随机抽样，是指总体中每一个成员都有同等的进入样本的可能性，即每一个成员的被抽概率相等，而且任何个体之间彼此被抽取的机会是独立的。概率抽样以概率理论为依据，通过随机化的机械操作程序取得样本，所以能避免抽样过程中的人为因素的影响，保证样本的客观性。虽然随机样本一般不会与总体完全一致，但它所依据的是大数定律，并且能计算和控制抽样误差，因此可以正确地说明样本的统计值在多大程度上适合于总体。根据样本调查的结果可以从数量上推断总体，也可在一定程度上说明总体的性质、特征。

（1）简单随机抽样。简单随机抽样又称纯随机抽样，是指在特定总体的所有单位中直接抽取 n 个单位组成样本。它是一种等概率抽样和元素抽样方法，最直观地体现了抽样的基本原理。简单随机抽样是最基本的概率抽样，其他概率抽样都以它为基础，可以说是由它派生而来的。

在简单随机抽样条件下，抽样概率公式为

$$抽样概率＝样本单位数÷总体单位数$$

例如，如果总体单位数为 10 000，样本单位数为 400，那么抽样概率为 4%。

（2）系统抽样。系统抽样也称等距抽样或机械抽样，是按一定的间隔距离抽取样本的方法。即先将总体的观察单位按某一顺序号分成 n 个部分，再从第一部分随机抽取第 k 号观察单位，依次用相等间距从每一部分各抽取一个观察单位组成样本。

样本距离可通过公式确定：样本距离＝总体单位数÷样本单位数。

例如，如果有 10 000 名学生，样本单位数为 500，那么样本距离为 20。

（3）分类抽样。所谓分类抽样也叫类型抽样或分层抽样，就是先将总体的所有单位依照一种或几种特征分为若干个子总体，每一个子总体即为一类，然后从每一类中按简单随机抽样或系统随机抽样的办法抽取一个子样本，称为分类样本，再把它们集合起来即为总体样本。

按照确定分层样本数量的不同方式，分类抽样分为比例分类抽样和非比例分

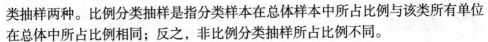

类抽样两种。比例分类抽样是指分类样本在总体样本中所占比例与该类所有单位在总体中所占比例相同；反之，非比例分类抽样所占比例不同。

（4）整群抽样。整群抽样又称聚类抽样或集体抽样，是将总体按照某种标准划分为一些群体，每一个群体为一个抽样单位，再用随机的方法从这些群体中抽取若干群体，并将所抽出群体中的所有个体集合为总体的样本。

（5）多阶段抽样。多阶段抽样又称多级抽样或分段抽样，就是把从总体中抽取样本的过程分成两个或多个阶段进行的抽样方法。它是在总体内个体单位数量较大，而彼此间的差异不太大时，先将总体各单位按一定标志分成若干群体，作为抽样的第 1 阶段单位，并依照随机原则，从中抽出若干群体作为第 1 阶段样本；然后将第 1 阶段样本又分成若干小群体，作为抽样的第 2 阶段单位，从中抽出若干群体作为第 2 阶段样本，依此类推，可以有第 3 阶段、第 4 阶段，……直到满足需要为止。最末阶段抽出的样本单位的集合，就是最终形成的总体样本。

2）非概率抽样

非概率抽样又称为不等概率抽样、非随机抽样或主观抽样，就是根据研究者的方便或主观判断抽取样本的方法。它不是严格按随机抽样原则来抽取样本的，所以失去了大数定律存在的基础，无法确定抽样误差，无法正确地说明样本的统计值在多大程度上适合于总体。

（1）偶遇抽样。偶遇抽样又叫自然抽样、方便抽样或便利抽样，是研究者根据现实情况，以自己方便的形式抽取偶然遇到的对象作为研究对象。

（2）判断抽样。判断抽样又叫目标抽样或立意抽样，是根据研究者的目标和自己主观的分析，来选择和确定样本的方法。它又可分为印象判断抽样和经验判断抽样两种。

（3）定额抽样。定额抽样又叫配额抽样，是先根据总体各个组成部分所包含的抽样单位的比例分配样本数额，然后在各个组成部分内根据配额的多少采用主观的抽样方法抽取样本。

（4）滚雪球抽样。滚雪球是一种形象比喻的说法，它是指先找少量的、甚至个别的对象进行研究，然后通过他们再去寻找新的研究对象，依此类推，就像滚雪球一样越来越大，直至达到研究目的为止。

5.2.2　数据特征描述

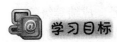

学习目标

➢　了解数据类型的相关概念

➢　了解数据集类型

相关知识

在数据挖掘技术中，数据的特征描述包括：数据类型的描述和数据集类型的描述。

1. 数据类型

数据集有各种不同表现。例如，用来描述数据对象属性的特征可以具有不同的类型——定量的或定性的。并且数据集可能具有特定的性质，例如，某些数据集包含时间序列或彼此之间具有明显联系的对象。

数据的类型决定可以使用何种工具和技术是由数据类型决定的。此外，新的数据挖掘研究常常是由适应新的应用领域和新的数据类型的需要推动的。

通常，数据集可以看做数据对象的集合。数据对象的其他名字是记录、点、向量、模式、事件、案例、样本、观测或实体。数据对象用一组刻画对象基本特性（如物体质量或事件发生时间）的属性描述。属性的其他名字是变量、特性、字段、特征或维。

数据集通常是一个文件，其中对象是文件的记录（或行），而每个字段（或列）对应于一个属性。例如，包含学生信息的数据集，每行对应于一个学生，而每列是一个属性，描述学生的某一方面，如学号，姓名，……

尽管基于记录的数据集在平展文件或关系数据库系统中都是常见的，但是数据集和存储数据的系统还有其他重要的类型。

1）属性

属性（attribute）是对象的性质或特性，它因对象而异或随时间而变化。

例如，眼球颜色因人而异，而物体的温度随时间而变。注意：眼球颜色是一种符号属性，具有少量可能的值{棕色，黑色，蓝色，绿色，淡褐色，……}，而温度是数值属性，可能具有无穷多个值。

属性的性质不必与用来度量它的值的性质相同。如学生年龄和学号，两个属性都可以用整数表示，谈论学生的平均年龄是有意义的，但是谈论学生的平均学号却毫无意义。

2）属性的类型

标称：标称属性的值仅仅只是不同的名字，即标称值只提供足够的信息以区分对象、学号、邮政编码等。

序数：序数属性的值提供足够的信息确定对象的序。如序号、成绩等级等。

区间：对于区间属性，值之间的差是有意义的，即存在测量单位，如均值等。

比率：对于比率变量，差和比率都是有意义的，如计数等。

标称和序数属性统称分类的（categorical）或定性的（qualitative）属性。顾

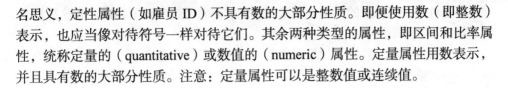

名思义，定性属性（如雇员 ID）不具有数的大部分性质。即便使用数（即整数）表示，也应当像对待符号一样对待它们。其余两种类型的属性，即区间和比率属性，统称定量的（quantitative）或数值的（numeric）属性。定量属性用数表示，并且具有数的大部分性质。注意：定量属性可以是整数值或连续值。

2．数据集的类型

数据集的类型有多种，并且随着数据挖掘的发展与成熟，更多类型的数据集将用于分析。这里仅介绍一些很常见的类型。为方便起见，我们将数据集类型分成三组：记录数据、基于图形的数据和有序的数据。这些分类不能涵盖所有的可能。

1）数据集的一般特性

在介绍数据集的类型之前，我们先讨论适用于许多数据集并对所使用的数据挖掘技术具有重要影响的三个特性：维度、稀疏性和分辨率。

维度（dimensionality）：　数据集的维度是数据集中的对象具有属性的数目。低维度数据往往与中、高维度数据有质的不同。分析高维度数据的困难有时称为维灾难（curse of dimensionality）。正因为如此，数据预处理的一个重要动机就是维归约（dimensionality reduction）。

稀疏性（sparsity）：对于一些数据集，如具有非对称特征的数据集，一个对象的大部分属性上的值都为零，并且在许多情况下，非零项不到 1%。实际上，稀疏性是一个优点，因为只有非零值才需要存储和处理。这将会节省大量的计算时间和存储空间。此外，有些数据挖掘算法仅适合处理稀疏数据。

分辨率（resolution）：　常常可以在不同的分辨率下得到数据，并且在不同的分辨率下数据的性质也不同。例如，在数米的分辨率下，地球表面看上去很不平坦，但在数十公里的分辨率下却相对平坦。数据的模式也依赖于分辨率。如果分辨率太高，模式可能看不到，或者掩埋在噪声中；如果分辨率太低，模式可能不出现。例如，小时标度下的气压变化反映风暴或其他天气系统的移动；在月标度下，这些现象就检测不到。

2）记录数据

关系数据库数据：数据集是记录（数据对象）的汇集，每个记录包含固定的数据字段（属性）集，并且每个记录（对象）具有相同的属性集。

事务数据或购物篮数据：事务数据（transaction data）是一种特殊类型的记录数据，其中每个记录（事务）涉及一个项的集合。

数据矩阵：如果一个数据集族中的所有数据对象都具有相同的数值属性集，则数据对象可以看做多维空间中的点（向量），其中每个维代表描述对象的一个不同属性。

3）基于图形的数据

有时，图形可以方便而有效地表示数据。

带有对象之间联系的数据：对象之间的联系常常携带重要信息。在这种情况下，数据常常用图形表示。

具有图形对象的数据：如果对象具有结构，即对象包含具有联系的子对象，则这样的对象常常用图形表示。例如，化合物的结构可以用图形表示，其中节点是原子，节点之间的链是化学键。

4）有序数据

对于某些数据类型，属性具有涉及时间或空间序的联系。

时序数据：时序数据（sequential data）也称时间数据（temporal data），可以看做记录数据的扩充，其中每个记录包含一个与之相关联的时间。

序列数据：序列数据（sequence data）是一个数据集合，它是个体项的序列，如词或字母的序列。除没有时间戳之外，它与时序数据非常相似。

时间序列数据：时间序列数据（time series data）是一种特殊的时序数据，其中每个记录都是一个时间序列（time series），即一段时间的测量序列。

空间数据：有些对象除了其他类型的属性之外，还具有空间属性，如位置或区域。空间数据的一个例子是从不同的地理位置收集的气象数据（降水量、气温、气压）。

5.3　视图

5.3.1　视图的概念

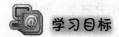

> 了解视图的概念、视图的作用
> 掌握视图创建和使用的方法

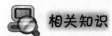

1. 视图的概念

视图是一个虚拟表，其内容由查询定义。视图是数据库中非常重要的一种对象，是同时查看多个表中数据的一种方式。从理论上讲，任何一条 SELECT 语句都可以构造一个视图。在视图中被检索的表称为基表，一个视图可以包含多个基表。视图就是建立在多个基表（或者视图）上的一个虚拟表，访问这个虚拟表就可以浏览一个或多个表中的部分或全部数据。在实际应用中，当为一条复杂的

SELECT 语句构造一个视图后，就可以从视图中非常方便地检索信息，而不需要再重复书写该语句。

　　一旦创建了一个视图，就可以像表一样对视图进行操作。与表不同的是，视图只存在结构，数据是在运行视图时从基表中提取的。所以如果修改了基表的数据，视图并不需要重新构造，当然也不会出现数据的不一致性问题。

2. 视图的作用

1）集中数据

可以有目的地对分散在多个表中的数据构造视图，以方便以后的数据检索。

2）限制访问

数据库所有者可以对列进行不同的组合，进而构造出多个视图，将不同的视图的访问权限授予不同用户，从而限制用户对数据库数据的访问。

3. 创建视图的原则

在创建视图前应注意如下原则：

（1）只能在当前数据库中创建视图。但是，如果使用分布式查询定义视图，新视图所引用的表和视图则可以存在于其他数据库中，甚至其他服务器上。

（2）视图名称必须遵循标识符的规则，且对每个用户必须为唯一。此外，该名称不得与该用户拥有的任何表的名称相同。

（3）可以在其他视图和引用视图的过程之上建立视图。SQL Server 2000 允许嵌套多达 32 级视图。

（4）不能将规则或 DEFAULT 定义与视图相关联。

（5）不能将 AFTER 触发器与视图相关联，只有 INSTEAD OF 触发器可以与之相关联。

（6）定义视图的查询不可以包含 ORDER BY、COMPUTE 或 COMPUTE BY 子句或 INTO 关键字。

（7）不能在视图上定义全文索引定义。

（8）不能创建临时视图，也不能在临时表上创建视图。

（9）下列情况下必须在视图中指定每列的名称：

- 视图中有任何从算术表达式、内置函数或常量派生出的列；
- 视图中两列或多列具有相同名称（通常由于视图定义包含连接，而来自两个或多个不同表的列具有相同的名称）；
- 希望使视图中的列名与它的源列名不同（也可以在视图中重命名列）。

无论重命名与否，视图列都会继承其源列的数据类型。

5.3.2 视图的管理

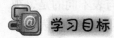

> 掌握视图创建、修改和删除的方法
> 掌握视图使用的方法

1. 创建视图

在 SQL Server 2000 中，可以使用 SQL 语句、SQL-EM 方式创建视图，也可以使用视图向导创建视图。

1）使用 SQL 语句

创建视图语句的基本语法格式为：

```
CREATE VIEW <视图名>[<列名>[,…]]
AS
<SELECT 语句>
```

【实例 5-1】   创建一个包含列 sno、sname、cno、cname、score 的视图。

在查询分析器中输入 SQL 语句并执行，如图 5-3 所示。

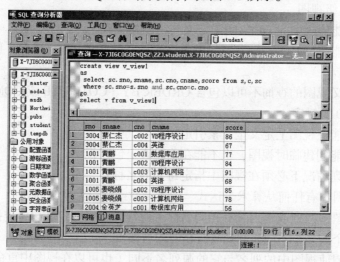

图 5-3   实例 5-1 创建视图

【实例 5-2】   创建一个所有姓李及第二个字为李的住址在西安的学生的姓名、性别和住址的视图。

在查询分析器中输入 SQL 语句并执行，如图 5-4 所示。

图 5-4 实例 5-2 创建视图

【实例 5-3】 创建一个平均成绩及格的学生所选课程的数量、总分及最高、最低分的视图。

在查询分析器中输入 SQL 语句并执行，如图 5-5 所示。

图 5-5 实例 5-3 创建视图

【实例 5-4】 创建一个平均成绩及格学生的学号、姓名的视图。

在查询分析器中输入 SQL 语句并执行，如图 5-6 所示。

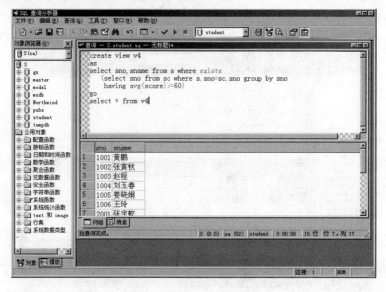

图 5-6　实例 5-4 创建视图

2）使用 SQL-EM

下面通过实例说明使用 SQL-EM 创建视图的方法。

【实例 5-5】　创建一个包含列 sno、sname、cno、cname、score 的所有选修了"数据库应用"学生的视图。

（1）启动 SQL-EM，指向左侧窗口数据库 student 中的"视图"节点，单击鼠标右键，打开快捷菜单，选择"新建视图"命令，打开"新视图"窗口，如图 5-7 所示。

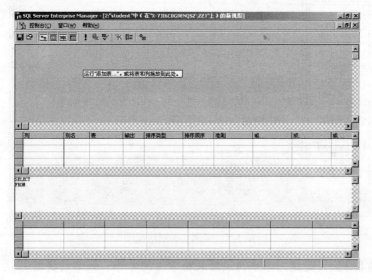

图 5-7　"新视图"窗口

"新视图"窗口由四个子窗口组成：从上到下依次为关系图窗格、网格窗格、SQL 语句窗格和结果窗格。

（2）指向窗口上部关系图窗格，单击鼠标右键，打开快捷菜单，如图 5-8 所示。

图 5-8 添加表

（3）选择"添加表"命令，打开"添加表"对话框（或单击工具栏上"添加表"工具按钮也可打开"添加表"对话框），如图 5-9 所示。

图 5-9 "添加表"对话框

（4）分别选中创建视图的基表，单击"添加"按钮，将基表添加到关系图窗格区域中。此处添加表 s、c 和 sc，如图 5-10 所示。

图 5-10　添加基表

（5）单击"关闭"按钮。单击选中基表中列前复选框，可以定义视图的输出列。在关系图窗格区域下部的网格窗格中，可以在字段的"准则"框中输入检索条件。此处依次单击选中表 s 列 sno、sname，表 c 列 cno、cname，表 sc 列 score，并在列 cname 的准则框中输入"='数据库应用'"，如图 5-11 所示。

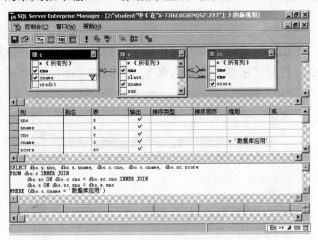

图 5-11　实例 5-5 创建视图

（6）以上操作是通过可视化方法构造一条 SELECT 语句，实际在操作的每一步，SQL 语句窗格区域都将同步给出通过可视化方法构造的 SELECT 语句。如果对以上操作不熟练，可以直接在 SQL 语句窗格区域中输入视图对应的 SELECT 语句。

（7）单击工具栏"验证 SQL"图标，可以检测构造的 SELECT 语句的语法。单击工具栏"运行"图标，可以在结果窗格预览视图结果。当结果满足要求后，单击工具栏"保存"图标,打开"另存为"对话框,为新建视图定义视图名。此处为 v_view2,如图 5-12 所示。

图 5-12 "另存为"对话框

【实例 5-6】 创建一个平均成绩及格的学生所选课程的数量、总分及最高、最低分的视图。

(1)启动 SQL-EM,指向左侧窗口数据库 student 中的"视图"节点,单击鼠标右键,打开快捷菜单,选择"新建视图"命令,打开"新视图"窗口。

(2)单击工具栏上"添加表"按钮,打开"添加表"对话框。

(3)选中创建视图的基表,单击"添加"按钮,将基表添加到关系图窗格区域中。此处添加表 sc。单击"关闭"按钮。

(4)单击工具栏上"使用"Group By""按钮。

(5)在网格窗格"列"的列表框中依次选择列 sno、*、score、score、score、score;在"别名"框中依次输入学号、数量、总分、最高分、最低分;在"输出"框中选择前五项为输出列;在"分组"的列表框中依次选择分组、Count、Sum、Max、Min、Avg;在第六行的"准则"框中输入">=60",如图 5-13 所示。

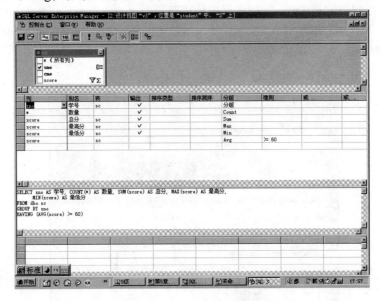

图 5-13 实例 5-6 创建视图

(6)单击工具栏"运行"图标,可以预览视图结果,如图 5-14 所示。

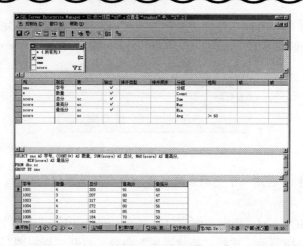

图 5-14　创建视图

【**实例 5-7**】　创建一个所有姓李及第二个字为李的住址在西安的学生的姓名、性别和住址的视图。

（1）启动 SQL-EM，指向左侧窗口数据库 student 中的"视图"节点，单击右键，打开快捷菜单，选择"新建视图"命令，打开"新视图"窗口。

（2）单击工具栏上"添加表"按钮，打开"添加表"对话框。

（3）选中基表 s，单击"添加"按钮，将基表 s 添加到关系图窗格区域中。单击"关闭"按钮。

（4）在网格窗格"列"的列表框中依次选择列 sname、sex、address；在 sname 列对应的"准则"框中输入"LIKE '李%' OR LIKE '_李%'"；在 address 列对应的"准则"框中输入"LIKE '%西安%'"。

（5）单击工具栏"运行"图标（!），结果如图 5-15 所示。

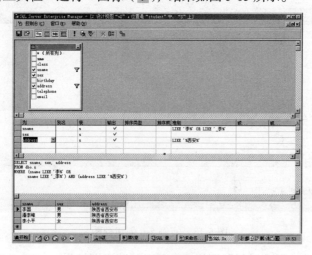

图 5-15　创建视图

3）使用向导

下面通过实例说明使用视图向导创建视图的方法。

【实例 5-8】 创建一个陈小明同学未选课程的视图，视图包含列 cno、cname。

（1）启动 SQL-EM，选择"工具"菜单"向导"命令，打开"选择向导"对话框，如图 5-16 所示。

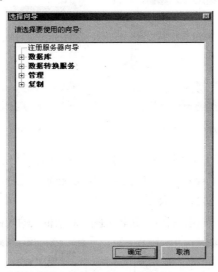

图 5-16　创建视图

（2）展开"数据库，选择"创建视图向导"项，单击"确定"按钮，打开"欢迎使用创建视图向导"对话框，如图 5-17 所示。

（3）单击"下一步"按钮，打开"选择数据库"窗口，此处选择学生库 student，如图 5-18 所示。

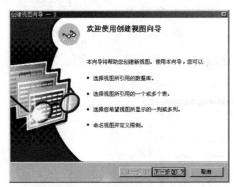

图 5-17　"创建视图向导"窗口

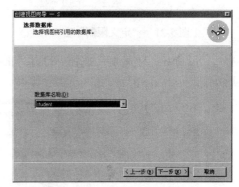

图 5-18　"选择数据库"窗口

（4）单击"下一步"按钮，打开"选择对象"窗口，此处选择表 c，如图 5-19 所示。

（5）单击"下一步"按钮，打开"列"对话框，此处选择列 cno、cname，如图 5-20 所示。

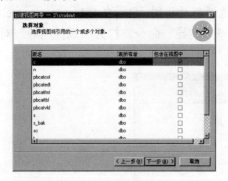

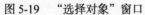

图 5-19　　"选择对象"窗口　　　　　　　　图 5-20　　"选择列"窗口

（6）单击"下一步"按钮，打开"定义限制"对话框，在在编辑框中输入：where cno not in(select sc.cno from sc,s where sc.cno=c.cno and sc.sno=s.sno and sname='陈小明')，如图 5-21 所示。

（7）单击"下一步"按钮，打开"命名视图"对话框，输入视图名，如图 5-22 所示。

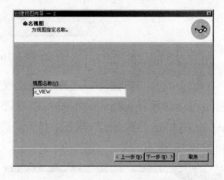

图 5-21　　"定义限制"窗口　　　　　　　　图 5-22　　"命名视图"窗口

（8）单击"下一步"按钮，打开"正在完成创建视图向导"对话框，如图 5-23 所示。

图 5-23　　"正在完成创建视图向导"窗口

（9）单击"完成"按钮。

2. 修改视图

在 SQL Server 2000 中，可以使用 SQL 语句、SQL-EM 等方式修改视图。

1）使用 SQL 语句

修改视图语句的基本语法格式为：

```
ALTER VIEW <视图名>[<列名>[,…]]
AS
<SELECT 语句>
```

2）使用 SQL-EM

（1）启动 SQL-EM，单击左侧窗口要修改的视图所在数据库中的"视图"节点，指向右侧窗口中要修改的视图，单击鼠标右键，打开快捷菜单，选择"设计视图"命令，打开"设计视图"窗口。该窗口与使用 SQL-EM 创建该视图时的窗口完全相同，如图 5-7 所示。

（2）用创建视图同样的方法修改视图，单击"关闭"按钮完成视图修改。

3. 删除视图

在 SQL Server 2000 中，可以使用 SQL 语句、SQL-EM 等方式删除视图。

1）使用 SQL 语句

删除视图语句的基本语法格式为：

DROP VIEW <视图名>[,…]

【实例 5-9】　删除视图 v_view2。

在查询分析器中输入 SQL 语句并执行，如图 5-24 所示。

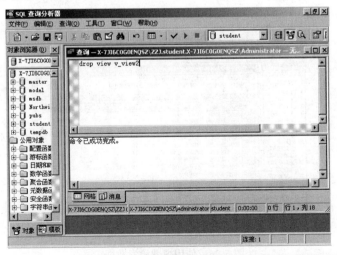

图 5-24　删除视图

2）使用 SQL-EM

（1）启动 SQL-EM，单击左侧窗口要删除的视图所在数据库中的"视图"节点，指向右侧窗口中要删除的视图，单击鼠标右键，打开快捷菜单，选择"删除"命令，打开"除去对象"对话框，如图 5-25 所示。

图 5-25　"除去对象"对话框

（2）单击"全部除去"按钮，指定视图将被删除。

4. 使用视图

1）使用视图检索数据

视图可以和表一样在 SELECT 语句中使用，实现使用视图检索数据。

【实例 5-10】　检索选修了数据库应用课程或 VB 程序设计课程的学生的学号、姓名、课程名、成绩。

说明：由于实例 5-1 创建的视图 v_view1 包含了所有学生的学号、姓名、课程名、成绩数据，所以没有必要再像前面的例子那样检索数据，而可以直接检索视图 v_view1。

在查询分析器中输入 SQL 语句并执行，如图 5-26 所示。

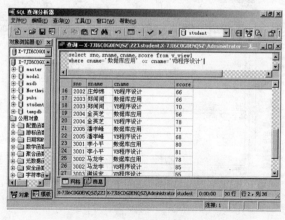

图 5-26　使用视图检索数据

【实例 5-11】　检索选修了数据库应用课程并且成绩及格的学生的学号、姓名、课程名、成绩。

在查询分析器中输入 SQL 语句并执行，如图 5-27 所示。

【实例 5-12】　统计各门课程的平均成绩。

在查询分析器中输入 SQL 语句并执行，如图 5-28 所示。

图 5-27　实例 5-11 使用视图检索数据

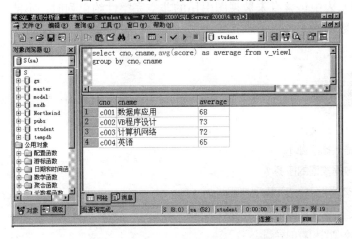

图 5-28　实例 5-12 使用视图检索数据

【实例 5-13】　统计学生的平均成绩并按降序排列。

在查询分析器中输入 SQL 语句并执行，如图 5-29 所示。

读者可以与前面的例子做比较来理解视图的作用。

2）使用视图编辑数据

视图是虚拟表，尽管视图在许多方面同表的作用是相同的，然而与表也是有区别的。主要表现在，由于视图只存在结构，数据是在运行视图时从基表中生成的，因此要编辑视图中的数据。实际就是要编辑基表中的数据，尽管 SQL Server 2000 允许这样做，但有许多限制。主要包括：

图 5-29　实例 5-13 使用视图检索数据

（1）如果要编辑视图中两个及两个以上的基表的数据，必须按一次对一个基表分步执行。

（2）不能插入或修改视图中通过计算得到的列值。

（3）当基表中包含有未被视图引用的非空完整性约束列时，不能利用视图向该基表插入数据。

本章习题

1. 什么是数据挖掘？

2. 简述数据挖掘的任务？

3. 数据挖掘常见算法和模型有哪些？

4. 什么是视图？视图有什么用途？

5. 试比较视图和表的异同。

6. 利用视图编辑表中数据有什么限制？

7. 使用 SQL-EM 在数据库 student 中创建视图，视图名要求为：v_<班级>_<学号>_1，包含列：sno、class、sname、sex、cno、cname、score。

8. 使用查询分析器在数据库 student 中创建视图，视图名要求为：v_<班级>_<学号>_2，包含列：sno、sname，条件为至少选修了两门课。

9. 使用查询分析器在数据库 student 中创建视图，视图名要求为：v_<班级>_<学号>_3，包含列：cno、cname，条件为全部学生都选修了的课程。

第6章 数据复制与恢复

内容提要 本章讲解分离、附加数据库、分离、附加数据库的方法、数据库备份和还原的概念、数据库备份和还原方法。

重点难点 数据库备份和还原、数据库分离和附加的方法。

6.1 数据的存储与处置

6.1.1 数据备份的必要性

 学习目标

➤ 了解数据备份的概念
➤ 了解数据备份必要性与可行性

 相关知识

在当今信息化时代，数据已经成为企业最重要的财富，数据、信息和信息系统的安全是关系企业命运的大事。要把"数据备份"提到战略高度来考虑，充分认识到数据备份的必要性和重要性。

1. 数据备份

数据备份是指为防止系统出现操作失误或系统故障导致数据丢失，而将全系统或部分数据集合从应用主机的硬盘或阵列复制到其他的存储介质的过程。

2. 数据备份的必要性

（1）企业数据、信息面临着越来越大的危险。

- 计算机硬件故障：随着企业信息化程度的提高，企业对 IT 系统的依赖性越来越大，企业的关键数据、甚至核心商业机密资料，都会保存在计算机系统里。一旦计算机硬件出现某种故障，这些宝贵信息有可能受到损失，且无法挽回。

- 软件故障：由于软件设计上的失误或用户使用不当，软件系统可能会引起数据破坏。
- 网络安全威胁：企业的 IT 系统为了 IT 投资的最大化，系统基本上都已经（或就要）网络化，因此网络病毒、黑客入侵等对 IT 信息的威胁与日俱增，轻则信息被破坏，无法使用；重则被盗，宝贵信息流失，会给企业造成不可挽回的损失，甚至使企业面临灭顶之灾。
- 误操作：用户（包括管理人员）的误操作，会造成系统数据的致命破坏。
- 自然灾害：如地震、洪水、火灾等，会毁坏计算机系统及其数据。

（2）数据备份可以解决其中的大部分问题。对于软硬件故障问题，由于数据进行了备份，一旦系统遇到软硬件问题，这些信息可以迅速恢复，避免重大损失的发生。

对于系统遭到黑客的或病毒分袭击，在把危险因素排出之后，系统还可以用备份数据进行恢复。

现在，IT 系统的信息安全问题已经越来越引起重视，人们采用像防火墙、入侵检测、物理隔离等手段进行防范，取得了明显的效果。但是基于安全成本和因此而造成的系统性能下降等原因，一般的 IT 系统的安全防范措施还是有限的。使用数据备份的方法，可以作为安全防范的最后一道屏障。

对于误操作造成的系统问题，因为重要数据都已经进行了备份，所以一般的误操作造成的系统问题，也可以用备份恢复的办法，将系统恢复如初。

3. 数据备份的可行性

用户对数据备份的共同要求包括：功能适用、性能稳定、简单易用、服务支持、价格合适等。

近些年，在存储产品，如硬磁盘、磁带、光盘和软件解决方案方面，都有长足的进展，性能得到很大提高，同时其性价比越来越高。企业在建立备份设施时，有了更多的选择余地。

数据备份的大部分工作是进行全自动备份。利用在线索引进行自动快速恢复，对操作、管理的技术难度要求不是太高。

6.1.2　常用数据备份的方法

学习目标

➢　了解全量备份的方法
➢　了解增量备份的方法

➤ 了解差量备份的方法

 相关知识

1. 全量备份

全量备份是复制整个磁盘卷的内容。换句话说，全量备份就是备份一个系统的 C：驱动器，或 D：驱动器，如此等等。术语"全量备份"可以适用于服务器，包括所有分配的逻辑卷，它也适用于卷对卷的备份。执行全备份的主要原因是提供更方便的磁盘卷恢复。使用在单一磁带或一组磁带上的整个卷内容，恢复将是十分简单的和容易理解的过程。

2. 增量备份

增量备份是备份自从上次备份操作以来新产生或更新的数据。增量备份的主要优点是所要求的备份时间最短。当使用增量备份时，恢复过程需要使用全量备份中的数据，所有的增量备份都是在最近一次完全备份以后执行的。而这并不意味着增量备份和完全备份需要使用不同的磁带。事实上，假如愿意的话，可以根据容量和离线（off-site）存储需求，每天既可以使用同一磁带备份，也可以使用不同的磁带备份。

3. 差量备份

差量备份是复制所有新产生的或更新的数据，这些数据都是上一次完全备份后产生或更新的。例如，假如完全备份在周末进行的，那么，在星期一工作日结束时，差量备份与增量备份是一样的；但在星期二，差量备份将包含所有星期一和星期二的增量备份的数据；到了星期四，差量备份将包括从星期一到星期四的所有增量数据。差量备份的主要目的是限制完全恢复的磁带数量。

备份介质可以用硬盘（磁盘阵列）、光盘（光盘库）、磁带（磁带库）等，而且在作备份时，还可以使用数据压缩的办法，减少信息占用存储空间，进一步降低存储成本。

6.2　分离和附加数据库

6.2.1　分离和附加数据库的概念

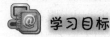 学习目标

➢　理解分离数据库的概念
➢　理解附加数据的概念

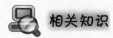 相关知识

1. 分离数据库

SQL Server 2000 允许分离数据库的数据和事务日志文件。分离数据库将从 SQL Server 删除数据库，但是保持在组成该数据库的数据和事务日志文件中的数据库完好无损。分离的数据库文件与一般的磁盘文件一样可以进行复制。

2. 附加数据库

可以将分离的数据库附加到任何 SQL Server 实例上，包括从中分离该数据库的服务器。这使数据库的使用状态与它分离时的状态完全相同。

附加数据库主要用于在不同的数据库服务器之间转移数据库。在 SQL Server 2000 中，与一个数据库相对应的数据文件和日志文件都是 Windows 系统中的一般磁盘文件，用标准的方法直接进行文件复制后，再"附加"到另一台 SQL Server 2000 服务器中，就能够达到复制和恢复数据库的目的。

利用附加数据库也可以实现数据库的备份和还原，但它们之间的概念是不同的。

有以下几项注意事项：

（1）文件复制。复制数据库相对应的数据文件和日志文件文件前，除了使用分离数据库的方法外，还可以选择下列操作之一：

● 停止服务管理器，然后再复制。
● 使数据库脱机，然后再复制。

（2）附加数据库

附加数据库时，必须指定主数据文件的名称和物理位置；还必须指出其他任何已改变位置的文件，否则，不能成功附加数据库。

6.2.2　分离和附加数据库的方法

学习目标

➢ 掌握使用 SQL 语句分离和附加数据库的方法
➢ 掌握使用 SQL-EM 分离和附加数据库的方法

操作步骤

1. 分离数据库

在 SQL Server 2000 中，可以使用 SQL 语句、SQL-EM 等方式分离数据库。

1）使用 SQL 语句

分离数据库可以通过执行系统存储过程 sp_detach_db 实现。其基本语法格式为：

```
sp_detach_db '<数据库名>'
```

【实例 6-1】　对数据库 student 进行分离操作。

（1）启动"查询分析器"，输入 SQL 语句，如图 6-1 所示。

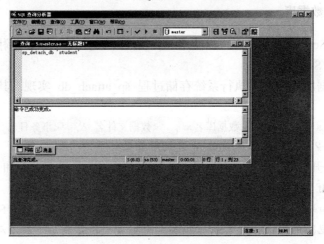

图 6-1　分离数据库 student

（2）单击"执行查询"按钮。

2）使用 SQL-EM

（1）启动 SQL-EM，指向左侧窗口"数据库"节点，选择 student 数据库，单击右键，打开快捷菜单，选择"所有任务"→"分离数据库"命令，打开"分离数据库"对话框，如图 6-2 所示。

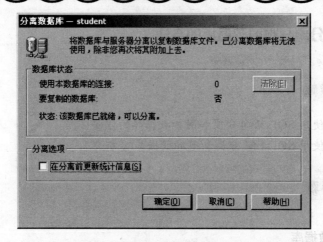

图 6-2　"分离数据库"对话框

（2）在"分离数据库"对话框中，检查数据库的状态。要成功地分离数据库，TATUS 应为：数据库已就绪，可以分离，或者可以选择在分离操作前更新统计信息。

（3）若要终止任何现有的数据库连接，请单击"清除"按钮。

（4）单击"确定"按钮，完成数据库分离。

2. 附加数据库

在 SQL Server 2000 中，可以使用 SQL 语句、SQL-EM 等方式附加数据库。

1）使用 SQL 语句

附加数据库可以通过执行系统存储过程 sp_attach_db 实现。其基本语法格式为：

```
sp_attach_db '<数据库名>', '<数据文件名>', '<事务日志文件名>'
```

【实例 6-2】　对数据库 student 进行附加操作。

（1）打开"我的电脑"，将 D:\example\student_data.mdf 和 D:\example\student_log.ldf 复制到的 D:\。

提示：如果系统提示源文件正在使用无法复制，可以先在 SQL Server 服务管理器中停止 SQL Server 服务，等完成文件复制后重新启动该服务。也可以分离数据库，然后再复制。

（2）删除数据库 student。

（3）将 D 盘下的 student_data.mdf 和 student_log.ldf 复制到 D:\example。

（4）启动"查询分析器"，输入 SQL 语句，如图 6-3 所示。

（5）单击"执行查询"按钮。

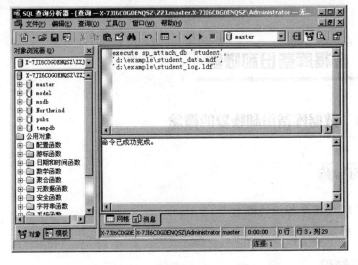

图 6-3　附加数据库 student

3. 使用 SQL-EM

（1）启动 SQL-EM，指向左侧窗口"数据库"节点，单击右键，打开快捷菜单，选择"所有任务"→"附加数据库"命令，打开"附加数据库"对话框，如图 6-4 所示。

（2）在"要附加数据库的 MDF 文件"输入框中指定要附加的主数据文件。如果不能确定文件位于何处，单击浏览按钮（"……"）搜索。

（3）若要确保指定的 MDF 文件正确，请单击"验证"。"原文件名"列出了数据库中的所有文件（数据文件和日志文件）。

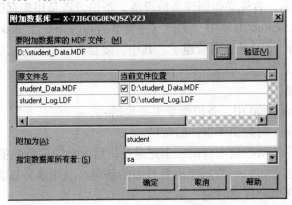

图 6-4　"附加数据库"对话框

（4）在"附加为"输入框中输入数据库的名称 student。

（5）单击"确定"按钮，完成数据库附加。

6.3　数据库备份和恢复

6.3.1　数据库备份和恢复的概念

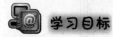学习目标

➢　了解数据库备份的概念
➢　了解数据库还原的概念

相关知识

为了保证数据的安全性，必须定期进行数据库的备份，当数据库损坏或系统崩溃时可以将过去制作的备份还原到数据库服务器中。

1. 数据库备份的概念

（1）备份的概念

数据库备份包括了数据库结构和数据的备份。同时，备份的对象不但包括用户数据库，而且包括系统数据库。

（2）备份设备

在进行备份前，首先必须创建备份设备。备份设备是用来存储备份内容的存储介质。在 SQL Server 2000 中，支持三种类型的备份介质："disk（硬盘文件）"、"tape（磁带）"和"pipe（命名管道）"。其中，硬盘文件是最常用的备份介质。备份设备在硬盘中是以文件形式存在的。

（3）备份类型

在 SQL Server 2000 中，备份类型主要包括：

* 完全备份：对数据库整体的备份。
* 差异备份：对数据库自前一个完全备份后改动的部分的备份。
* 事务日志备份：对数据库事务日志的备份。利用事务日志备份，可以将数据库还原到任意时刻。
* 文件或文件组备份：对组成数据库的数据文件的备份。

2. 数据库还原的概念

（1）还原的概念

数据库的还原是指将数据库的备份加载到系统中。还原是与备份相对应的操作。备份是还原的基础，没有备份就无法还原。一般来说，因为备份是在系统正常的情况下执行的操作，而还原是在系统非正常情况下执行的操作，所以还原相对要比备份复杂。

（2）还原模型

在 SQL Server 2000 中，有三种数据库还原模型：简单还原（SimpleRecovery）、完全还原（FullRecovery）和大容量日志记录还原（Bulk-loggedRecovery）。

① 简单还原。所谓简单还原是指在进行数据库还原时仅使用数据库备份或差异备份，而不涉及事务日志备份。简单还原模型可使数据库还原到上一次备份的状态，但由于不使用事务日志备份来进行还原，所以无法将数据库还原到失败点状态。选择简单还原模型通常使用的备份策略是首先进行数据库备份，然后进行差异备份。

② 完全还原。所谓完全还原模型是指通过使用数据库备份和事务日志备份将数据库还原到发生失败的时刻，几乎不造成任何数据丢失，是还原数据库的最佳方法。为了保证数据库的这种还原能力，所有对数据的操作都被写入事务日志文件。

③ 大容量日志记录还原。所谓大容量日志记录还原，在性能上要优于简单还原和完全还原模型，能尽量减少批操作所需要的存储空间。这些批操作主要是查询语句 SELECT INTO、批装载操作、创建索引和针对大文本或图像的操作。选择大容量日志记录还原模型所采用的还原策略与完全还原所采用的还原策略基本相同。

在 SQL-EM 中，指向指定数据库节点，单击右键，选择"属性"命令，打开"数据库属性"对话框，单击"选项"选项卡，可以查看和修改数据库还原模型，如图 6-5 所示。

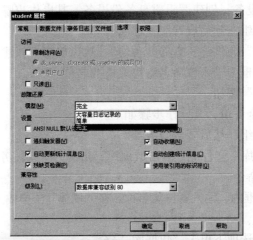

图 6-5　"数据库属性"对话框"选项"选项卡

6.3.2　数据库完全备份和恢复

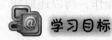学习目标

➢ 掌握数据库完全备份的方法
➢ 掌握数据库完全恢复的方法

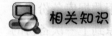相关知识

1. 数据库完全备份

1）使用 SQL 语句

（1）创建备份设备。

创建备份设备可以通过执行系统存储过程 sp_addumpdevice 实现。其基本语法格式为：

```
sp_addumpdevice '<设备介质>', '<备份设备名>', '<物理文件>'
```

执行系统存储过程 sp_dropdevice 可以删除创建的备份设备。其基本语法格式为：

```
sp_dropdevice '<备份设备名>', '<物理文件>'
```

（2）数据库完全备份。

数据库完全备份语句的基本语法格式为：

```
BACKUP DATABASE <数据库名> TO <备份设备名>
```

2）使用 SQL-EM

（1）创建备份设备，创建逻辑磁盘备份设备，其操作步骤如下：

① 展开服务器组，然后展开服务器。

② 展开"管理"文件夹，右击"备份"，然后单击"新建备份设备"命令。

③ 在"名称"框中输入该命名备份设备的名称。

④ 单击"确定"按钮。

（2）数据库完全备份，其操作步骤如下：

① 展开服务器组，然后展开服务器。

② 展开"数据库"文件夹，右击数据库，指向"所有任务"子菜单，然后单击"备份数据库"命令。

③ 在"名称"框内，输入备份集名称。在"描述"框中输入对备份集的描述。（可选）

④ 在"备份"选项下单击"数据库-完全"。

⑤ 在"目的"选项下，单击"磁带"或"磁盘"，然后指定备份目的地。

⑥ 如果没出现备份目的地，则单击"添加"以添加现有的目的地或创建新目的地。

⑦ 单击"确定"按钮。

2. 数据库完全恢复

（1）使用 SQL 语句

基本语法格式为：

> RESTORE DATABASE <数据库名> FROM <备份设备名>

（2）使用 SQL-EM

① 启动 SQL-EM，指向左侧窗口要还原的"数据库"节点，单击鼠标右键，打开快捷菜单，选择"所有任务"→"还原数据库"命令，打开"还原数据库"对话框。

② 单击选中还原单选框中"从设备"选项。

③ 选择或添加设备。

④ 单击"还原备份集"，选择"数据库－完全"。

⑤ 单击"确定"按钮，完成还原。

 操作步骤

1. 数据库完全备份

1）使用 SQL 语句

【实例 6-3】 制作数据库 student 的完全备份。

方法一：先创建设备，然后备份。在查询分析器中输入 SQL 语句并执行，如图 6-6 所示。

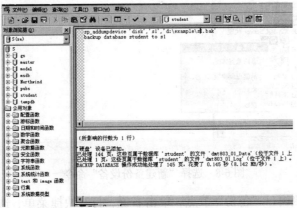

图 6-6 备份数据库 student

方法二：直接备份。在查询分析器中输入 SQL 语句并执行，如图 6-7 所示。

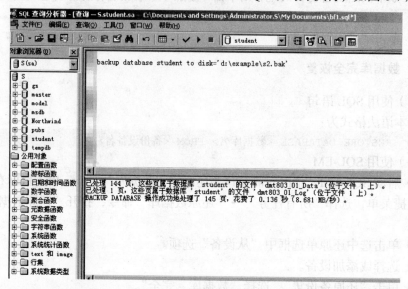

图 6-7　备份数据库 student

2）使用 SQL-EM

（1）创建备份设备

① 启动 SQL-EM，展开左侧窗口指定数据库服务器“管理”文件夹，单击“备份”节点，如图 6-8 所示。

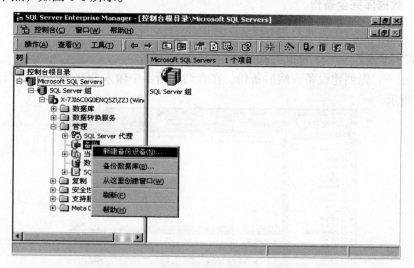

图 6-8　选择“新建备份设备”命令

② 指向左侧窗口“备份”节点，单击右键，打开快捷菜单，选择“新建备份设备”命令，打开“备份设备属性”对话框，如图 6-9 所示。

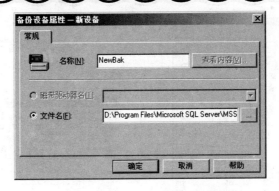

图 6-9　"备份设备属性"对话框

③ 在"名称"输入框中输入备份设备名，在"文件名"输入框指定备份设备名所对应的物理文件名。单击"确定"按钮，完成创建备份设备。如果在 SQL-EM 中单击"备份"节点，可以查看备份设备，如图 6-10 所示。

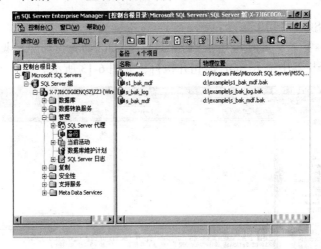

图 6-10　"查看备份设备"窗口

（2）备份数据库

① 启动 SQL-EM，指向左侧窗口要备份的数据库节点，单击鼠标右键，打开快捷菜单，选择"所有任务"→"备份数据库"命令，打开"SQL Server 备份"对话框，如图 6-11 所示。

② 设置备份类型为"完全"。单击"添加"按钮，打开"选择备份目的"对话框，如图 6-12 所示。

③ 可以在"文件名"输入框中指定备份的物理文件名，也可以在"备份设备"输入框中指定备份的备份设备名。单击"确定"按钮，返回"SQL Server 备份"对话框。

④ 设置备份的各项参数，单击"确定"按钮，完成备份。

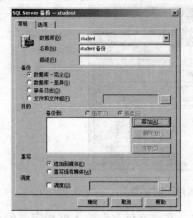

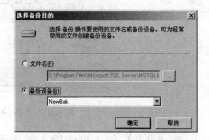

图 6-11　"SQL Server 备份"对话框　　　图 6-12　"选择备份目的"对话框

2. 数据库完全恢复

1）使用 SQL 语句

【实例 6-4】　用实例 6-3 制作的数据库 student 的备份还原数据库 student。
在查询分析器中输入 SQL 语句并执行，如图 6-13 所示。

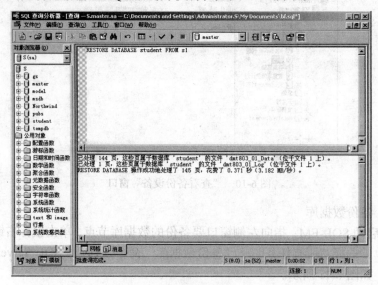

图 6-13　还原数据库 student

2）使用 SQL-EM

（1）启动 SQL-EM，指向左侧窗口要备份的"数据库"节点，单击鼠标右键，
打开快捷菜单，选择"所有任务"→"还原数据库"命令，打开"还原数据库"
对话框，如图 6-14 所示。

（2）在"还原为数据库"编辑框中输入 student。

（3）单击选中还原单选框中"从设备"选项。

（4）选择或添加设备，如图 6-15 所示。

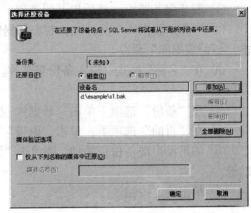

图 6-14　　"还原数据库"对话框　　　　　图 6-15　　"选择还原设备"对话框

（5）单击"还原备份集"，选择"数据库–完全"

（6）单击"确定"按钮，完成还原。

6.3.3　数据库差异备份和恢复

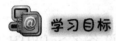　学习目标

➢　掌握数据库差异备份的方法
➢　掌握数据库差异恢复的方法

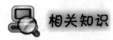　相关知识

1．数据库差异备份

要创建差异数据库备份，首先要创建备份数据库，然后才能创建差异数据库备份。

1）使用 SQL 语句

（1）创建数据库备份。

（2）创建数据库差异备份。

数据库差异备份语句的基本语法格式为：

```
BACKUP DATABASE <数据库名> TO <备份设备名> WITH DIFFERENTIAL
```

2）使用 SQL-EM

（1）创建数据库备份。

（2）创建数据库差异备份。

其操作步骤如下：

① 展开服务器组，然后展开服务器。

② 展开"数据库"文件夹，右击数据库，指向"所有任务"子菜单，然后单击"备份数据库"命令。

③ 在"名称"框内，输入备份集名称。在"描述"框中输入对备份集的描述。（可选）

④ 在"备份"选项下单击"数据库-差异"。

⑤ 在"目的"选项下，单击"磁带"或"磁盘"，然后指定备份目的地。

⑥ 如果没出现备份目的地，则单击"添加"以添加现有的目的地或创建新目的地。

⑦ 单击确定按钮。

2. 数据库差异恢复

要恢复差异数据库备份，首先要恢复数据库备份，然后才能恢复差异数据库备份。

1）使用 SQL 语句

（1）恢复数据库备份。

（2）恢复数据库差异备份。

基本语法格式为：

RESTORE DATABASE <数据库名> FROM <备份设备名> [WITH NORECOVERY]

2）使用 SQL-EM

（1）恢复数据库备份。

（2）启动 SQL-EM，指向左侧窗口要还原的"数据库"节点，单击右键，打开快捷菜单，选择"所有任务"→"还原数据库"命令，打开"还原数据库"对话框。

（3）单击选中还原单选框中"从设备"选项。

（4）选择或添加设备。

（5）单击"还原备份集"，选择"数据库 – 差异"。

（6）单击"确定"按钮，完成还原。

 **操作步骤**

1. 数据库差异备份

1）使用 SQL 语句

【实例 6-5】　制作数据库 student 的差异备份。

（1）创建数据库备份。

（2）创建数据库差异备份。

在查询分析器中输入 SQL 语句并执行，如图 6-16 所示。

2）使用 SQL-EM

（1）创建数据库备份。

（2）创建数据库差异备份。

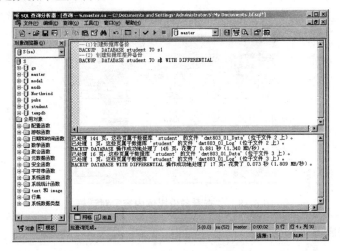

图 6-16　"数据库差异备份"窗口

其操作步骤如下：

① 展开服务器组，然后展开服务器。

② 展开"数据库"文件夹，用鼠标右键单击数据库，指向"所有任务"子菜单，然后单击"备份数据库"命令。打开"SQL Server 备份"对话框，如图 6-17 所示。

图 6-17　"SQL Server 备份"对话框

③ 在"名称"输入框内输入备份集名称。在"描述"输入框中输入对备份集的描述。

④ 在"备份"选项下单击"数据库-差异"。

⑤ 在"目的"选项下，单击"磁盘"，然后指定备份目的地。

⑥ 如果没出现备份目的地，则单击"添加"以添加现有的目的地或创建新目的地。

⑦ 单击确定按钮。

⑧ 单击"内容"按钮。打开"查看备份媒体内容"对话框，如图 6-18 所示。

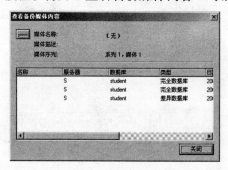

图 6-18　　"查看备份媒体内容"对话框

2. 数据库差异恢复

1) 使用 SQL 语句

【实例 6-6】　用实例 6-4 制作的数据库 student 的备份还原数据库 student。

（1）还原数据库备份。

（2）还原差异数据库备份。

在查询分析器中输入 SQL 语句并执行，如图 6-19 所示。

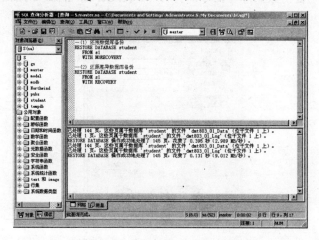

图 6-19　还原数据库 student

2）使用 SQL-EM

（1）启动 SQL-EM，指向左侧窗口要备份的"数据库"节点，单击鼠标右键，打开快捷菜单，选择"所有任务"→"还原数据库"命令，打开"还原数据库"对话框，如图 6-20 所示。

图 6-20　"还原数据库"对话框

（2）单击选中还原单选框中"从设备"选项，添加设备"s1"。

（3）单击"查看内容"按钮，选择备份号"2"。

（4）单击"还原备份集"，选择"数据库 – 完全"。

（5）单击"选项"选项卡，如图 6-21 所示。

（6）在恢复完成状态设置区中，单击"使数据库不再运行，但能还原其他事务日志"前面单选按钮。

（7）单击"确定"按钮，完成数据库还原。

（8）再次打开"还原数据库"对话框，添加设备"s1"。

（9）单击"查看内容"按钮，选择备份号"3"，如图 6-22 所示。

图 6-21　"选项"选项卡

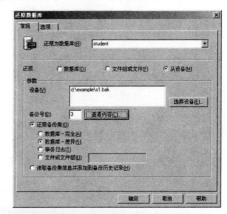

图 6-22　"还原数据库"对话框

（10）单击"还原备份集"，选择"数据库 – 差异"。

（11）单击"确定"按钮，完成差异数据库还原。

本章习题

1．简述数据库备份、还原及附加的概念。

2．试比较数据库还原与数据库附加的异同。

3．简述数据库备份设备的概念，数据库备份设备的扩展名是什么？

4．数据库备份分为哪几种类型？各种类型的使用场合是什么？

5．简述进行数据库完全备份的步骤。

6．简述进行数据库完全恢复的步骤。

7．创建一个数据库，对该数据库进行分离，然后再进行附加。

8．创建一个数据库，对该数据库进行完全备份，然后再删除该数据库，对该数据库进行完全恢复。

附录 A Transact-SQL 语句

1. 数据库管理

1）创建数据库

（1）描述。创建数据库及该数据库的数据文件和日志文件。

（2）语法。

```
CREATE DATABASE database_name
[ ON
    [ < filespec > [ ,...n ] ]
    [ , < filegroup > [ ,...n ] ]
]
[ LOG ON { < filespec > [ ,...n ] } ]
[ COLLATE collation_name ]
[ FOR LOAD | FOR ATTACH ]
< filespec > ::=
[ PRIMARY ]
( [ NAME = logical_file_name , ]
    FILENAME = 'os_file_name'
    [ , SIZE = size ]
    [ , MAXSIZE = { max_size | UNLIMITED } ]
    [ , FILEGROWTH = growth_increment ] ) [ ,...n ]
< filegroup > ::=

FILEGROUP filegroup_name < filespec > [ ,...n ]
```

2）修改数据库

（1）描述。修改数据库就是改变数据库的结构。

（2）语法。

```
ALTER DATABASE database
{ ADD FILE < filespec > [ ,...n ] [ TO FILEGROUP filegroup_name ]
| ADD LOG FILE < filespec > [ ,...n ]
| REMOVE FILE logical_file_name
```

```
    | ADD FILEGROUP filegroup_name
    | REMOVE FILEGROUP filegroup_name
    | MODIFY FILE < filespec >
    | MODIFY NAME = new_dbname
    |MODIFY FILEGROUP filegroup_name {filegroup_property | NAME =
new_filegroup_name }
    | SET < optionspec > [ ,...n ] [ WITH < termination > ]
    | COLLATE < collation_name >
    }
```

其中：

```
    < filespec > ::=
    ( NAME = logical_file_name
       [ , NEWNAME = new_logical_name ]
       [ , FILENAME = 'os_file_name' ]
       [ , SIZE = size ]
       [ , MAXSIZE = { max_size | UNLIMITED } ]
       [ , FILEGROWTH = growth_increment ]
    < optionspec > ::=
      <state_option>
      | < cursor_option >
      | < auto_option >
      | < sql_option >
      | < recovery_option >
      < state_option > ::=
         { SINGLE_USER | RESTRICTED_USER | MULTI_USER }
         | { OFFLINE | ONLINE }
         | { READ_ONLY | READ_WRITE }
      < termination > ::=
         ROLLBACK AFTER integer [ SECONDS ]
         | ROLLBACK IMMEDIATE
         | NO_WAIT
      < cursor_option > ::=
         CURSOR_CLOSE_ON_COMMIT { ON | OFF }
         | CURSOR_DEFAULT { LOCAL | GLOBAL }
      < auto_option > ::=
         AUTO_CLOSE { ON | OFF }
         | AUTO_CREATE_STATISTICS { ON | OFF }
         | AUTO_SHRINK { ON | OFF }
         | AUTO_UPDATE_STATISTICS { ON | OFF }
      < sql_option > ::=
```

```
                    ANSI_NULL_DEFAULT { ON | OFF }
                    | ANSI_NULLS { ON | OFF }
                    | ANSI_PADDING { ON | OFF }
                    | ANSI_WARNINGS { ON | OFF }
                    | ARITHABORT { ON | OFF }
                    | CONCAT_NULL_YIELDS_NULL { ON | OFF }
                    | NUMERIC_ROUNDABORT { ON | OFF }
                    | QUOTED_IDENTIFIER { ON | OFF }
                    | RECURSIVE_TRIGGERS { ON | OFF }
            < recovery_option > ::=
                RECOVERY { FULL | BULK_LOGGED | SIMPLE }
                | TORN_PAGE_DETECTION { ON | OFF }
```

3）删除数据库

（1）描述。删除数据库就是把数据库及数据库文件从系统中永久删除。

（2）语法。

```
    DROP DATABASE database_name [ ,...n ]
```

2. 表管理

1）创建表

（1）描述。表是实际存储数据的对象，是最基本、最重要的数据库对象。

（2）语法。

```
    CREATE TABLE
        [ database_name.[ owner ] .| owner.] table_name
        ( { < column_definition >
            | column_name AS computed_column_expression
            |  <  table_constraint  >  ::=  [  CONSTRAINT
constraint_name ] }
            | [ { PRIMARY KEY | UNIQUE } [ ,...n ]
        )
    [ ON { filegroup | DEFAULT } ]
    [ TEXTIMAGE_ON { filegroup | DEFAULT } ]
    < column_definition > ::= { column_name data_type }
        [ COLLATE < collation_name > ]
        [ [ DEFAULT constant_expression ]
            |  [  IDENTITY  [  ( seed , increment )  [  NOT  FOR
REPLICATION ] ] ]
        ]
        [ ROWGUIDCOL]
        [ < column_constraint > ] [ ...n ]
```

```
< column_constraint > ::= [ CONSTRAINT constraint_name ]
   { [ NULL | NOT NULL ]
      | [ { PRIMARY KEY | UNIQUE }
         [ CLUSTERED | NONCLUSTERED ]
         [ WITH FILLFACTOR = fillfactor ]
         [ON {filegroup | DEFAULT} ] ]
      ]
      | [ [ FOREIGN KEY ]
         REFERENCES ref_table [ ( ref_column ) ]
         [ ON DELETE { CASCADE | NO ACTION } ]
         [ ON UPDATE { CASCADE | NO ACTION } ]
         [ NOT FOR REPLICATION ]
      ]
      | CHECK [ NOT FOR REPLICATION ]
      ( logical_expression )
   }
< table_constraint > ::= [ CONSTRAINT constraint_name ]
   { [ { PRIMARY KEY | UNIQUE }
      [ CLUSTERED | NONCLUSTERED ]
      { ( column [ ASC | DESC ] [ ,...n ] ) }
      [ WITH FILLFACTOR = fillfactor ]
      [ ON { filegroup | DEFAULT } ]
   ]
   | FOREIGN KEY
      [ ( column [ ,...n ] ) ]
      REFERENCES ref_table [ ( ref_column [ ,...n ] ) ]
      [ ON DELETE { CASCADE | NO ACTION } ]
      [ ON UPDATE { CASCADE | NO ACTION } ]
      [ NOT FOR REPLICATION ]
   | CHECK [ NOT FOR REPLICATION ]
      ( search_conditions )
   }
```

2）修改表

（1）描述。修改表就是修改表的结构。

（2）语法。

```
ALTER TABLE table
{ [ ALTER COLUMN column_name
   { new_data_type [ ( precision [ , scale ] ) ]
      [ COLLATE < collation_name > ]
      [ NULL | NOT NULL ]
```

```
              | {ADD | DROP } ROWGUIDCOL }
       ]
       | ADD
           { [ < column_definition > ]
           | column_name AS computed_column_expression
           } [ ,...n ]
       | [ WITH CHECK | WITH NOCHECK ] ADD
           { < table_constraint > } [ ,...n ]
       | DROP
           { [ CONSTRAINT ] constraint_name
               | COLUMN column } [ ,...n ]
       | { CHECK | NOCHECK } CONSTRAINT
           { ALL | constraint_name [ ,...n ] }
       | { ENABLE | DISABLE } TRIGGER
           { ALL | trigger_name [ ,...n ] }
   }
< column_definition > ::=
       { column_name data_type }
       [ [ DEFAULT constant_expression ] [ WITH VALUES ]
       | [ IDENTITY [ ( seed , increment ) [ NOT FOR REPLICATION ] ] ]
           ]
       [ ROWGUIDCOL ]
       [ COLLATE < collation_name > ]
       [ < column_constraint > ] [ ...n ]
< column_constraint > ::=
       [ CONSTRAINT constraint_name ]
       { [ NULL | NOT NULL ]
           | [ { PRIMARY KEY | UNIQUE }
               [ CLUSTERED | NONCLUSTERED ]
               [ WITH FILLFACTOR = fillfactor ]
               [ ON { filegroup | DEFAULT } ]
               ]
           | [ [ FOREIGN KEY ]
               REFERENCES ref_table [ ( ref_column ) ]
               [ ON DELETE { CASCADE | NO ACTION } ]
               [ ON UPDATE { CASCADE | NO ACTION } ]
               [ NOT FOR REPLICATION ]
               ]
           | CHECK [ NOT FOR REPLICATION ]
               ( logical_expression )
```

```
        }
    < table_constraint > ::=
        [ CONSTRAINT constraint_name ]
        { [ { PRIMARY KEY | UNIQUE }
            [ CLUSTERED | NONCLUSTERED ]
            { ( column [ ,...n ] ) }
            [ WITH FILLFACTOR = fillfactor ]
            [ ON { filegroup | DEFAULT } ]
            ]
            |   FOREIGN KEY
              [ ( column [ ,...n ] ) ]
              REFERENCES ref_table [ ( ref_column [ ,...n ] ) ]
              [ ON DELETE { CASCADE | NO ACTION } ]
              [ ON UPDATE { CASCADE | NO ACTION } ]
              [ NOT FOR REPLICATION ]
        | DEFAULT constant_expression
            [ FOR column ] [ WITH VALUES ]
        |   CHECK [ NOT FOR REPLICATION ]
            ( search_conditions )
        }
```

3）删除表

（1）描述。删除表包括删除表的结构和表中的所有数据。

（2）语法。

```
    DROP TABLE table_name
```

3. 索引管理

1）创建索引

（1）描述。索引是加快数据检索的一种方式。索引一般建立在表上，但是也可以在视图上创建索引。

（2）语法。

```
    CREATE [ UNIQUE ] [ CLUSTERED | NONCLUSTERED ] INDEX index_name
        ON { table | view } ( column [ ASC | DESC ] [ ,...n ] )
    [ WITH < index_option > [ ,...n] ]
    [ ON filegroup ]
    < index_option > ::=
        { PAD_INDEX |
            FILLFACTOR = fillfactor |
            IGNORE_DUP_KEY |
            DROP_EXISTING |
```

```
    STATISTICS_NORECOMPUTE |
    SORT_IN_TEMPDB
  }
```

2）删除索引

（1）描述。删除索引就是从系统中把索引永久删除。

（2）语法。

```
DROP INDEX 'table.index | view.index' [ ,...n ]
```

4. 视图管理

1）创建视图

（1）描述。

视图是查看表中数据的一种方式，也是一个重要的数据库对象。

（2）语法。

```
CREATE VIEW [ < database_name > .] [ < owner > .] view_name
[ ( column [ ,...n ] ) ]
    [ WITH < view_attribute > [ ,...n ] ]
    AS
    select_statement
    [ WITH CHECK OPTION ]
    < view_attribute > ::=
        { ENCRYPTION | SCHEMABINDING | VIEW_METADATA }
```

2）修改视图

（1）描述。修改视图实际上是修改视图的定义。

（2）语法。

```
ALTER VIEW [ < database_name > .] [ < owner > .] view_name
[ ( column [ ,...n ] ) ]
    [ WITH < view_attribute > [ ,...n ] ]
    AS
        select_statement
    [ WITH CHECK OPTION ]
    < view_attribute > ::=
        { ENCRYPTION | SCHEMABINDING | VIEW_METADATA }
```

3）删除视图

（1）描述。删除视图就是把视图的定义从系统中删除。

（2）语法。

```
DROP VIEW { view } [ ,...n ]
```

5. 触发器管理

1）创建触发器

（1）描述。触发器是一种系统自动执行的操作。当对表中的数据进行插入、删除、修改等操作时，如果定义了相应的触发器，那么触发器就自动执行。

（2）语法。

```
CREATE TRIGGER trigger_name
ON { table | view }
[ WITH ENCRYPTION ]
{
    { { FOR | AFTER | INSTEAD OF } { [ INSERT ] [ , ] [ UPDATE ] }
        [ WITH APPEND ]
        [ NOT FOR REPLICATION ]
        AS
        [ { IF UPDATE ( column )
            [ { AND | OR } UPDATE ( column ) ]
                [ ...n ]
        | IF ( COLUMNS_UPDATED ( ) { bitwise_operator }
updated_bitmask )
                { comparison_operator } column_bitmask [ ...n ]
        } ]
        sql_statement [ ...n ]
    }
}
```

2）修改触发器

（1）描述。修改触发器实际上就是修改触发器的定义。

（2）语法。

```
ALTER TRIGGER trigger_name
ON ( table | view )
[ WITH ENCRYPTION ]
{
    { ( FOR | AFTER | INSTEAD OF ) { [ DELETE ] [ , ] [ INSERT ]
[ , ] [ UPDATE ] }
        [ NOT FOR REPLICATION ]
        AS
        sql_statement [ ...n ]
    }
    |
    { ( FOR | AFTER | INSTEAD OF ) { [ INSERT ] [ , ] [ UPDATE ] }
```

```
          [ NOT FOR REPLICATION ]
          AS
          { IF UPDATE ( column )
          [ { AND | OR } UPDATE ( column ) ]
          [ ...n ]
          | IF ( COLUMNS_UPDATED ( ) { bitwise_operator }
updated_bitmask )
          { comparison_operator } column_bitmask [ ...n ]
          }
          sql_statement [ ...n ]
       }
   }
```

3）删除触发器

（1）描述。删除触发器就是把触发器的定义从系统中删除。

（2）语法。

```
     DROP TRIGGER { trigger } [ ,...n ]
```

6. 存储过程管理

1）创建存储过程

（1）描述。存储过程是一种预编译的 Transact-SQL 语句，创建存储过程就是定义该存储过程将要执行的操作。

（2）语法。

```
     CREATE PROC [ EDURE ] procedure_name [ ; number ]
         [ { @parameter data_type }
            [ VARYING ] [ = default ] [ OUTPUT ]
         ] [ ,...n ]

     [ WITH
         { RECOMPILE | ENCRYPTION | RECOMPILE , ENCRYPTION } ]

     [ FOR REPLICATION ]

     AS sql_statement [ ...n ]
```

2）修改存储过程

（1）描述。修改存储过程，就是修改存储过程的定义。

（2）语法。

```
     ALTER PROC [ EDURE ] procedure_name [ ; number ]
         [ { @parameter data_type }
```

```
        [ VARYING ] [ = default ] [ OUTPUT ]
    ] [ ,...n ]

    [ WITH
        { RECOMPILE | ENCRYPTION
            | RECOMPILE , ENCRYPTION
        }
    ]
    [ FOR REPLICATION ]
    AS
        sql_statement [ ...n ]
```

3）执行存储过程

（1）描述。执行存储过程，就是执行该存储过程中所包含的 Transact-SQL 语句。

（2）语法。

```
[ [ EXEC [ UTE ] ]
    {
        [ @return_status = ]
            { procedure_name [ ;number ] | @procedure_name_var
    }
    [ [ @parameter = ] { value | @variable [ OUTPUT ] | [ DEFAULT ] ]
        [ ,...n ]
    [ WITH RECOMPILE ]
```

4）删除存储过程

（1）描述。删除存储过程，就是从系统中删除存储过程的定义。

（2）语法。

```
DROP PROCEDURE { procedure } [ ,...n ]
```

7. 规则管理

1）创建规则

（1）描述。规则可以用来限制表中某个列的取值范围，创建规则就是在系统中添加规则的定义。

（2）语法。

```
CREATE RULE rule
    AS condition_expression
```

2）绑定规则

（1）描述。绑定规则就是把规则与指定的数据库对象联系起来。

（2）语法。

```
sp_bindrule [ @rulename = ] 'rule' ,
    [ @objname = ] 'object_name'
    [ , [ @futureonly = ] 'futureonly_flag' ]
```

3）解除绑定的规则

（1）描述。解除绑定就是把规则和指定的数据库对象的联系断开。

（2）语法。

```
sp_unbindrule [@objname =] 'object_name'
    [, [@futureonly =] 'futureonly_flag']
```

4）删除规则

（1）描述。删除规则就是把规则的定义从系统中删除。

（2）语法。

```
DROP RULE { rule } [ ,...n ]
```

8. 默认管理

1）创建默认

（1）描述。默认是数据库中的一种对象，用来为表中的某个列提供默认值。创建默认就是在系统中添加默认的定义。

（2）语法。

```
CREATE DEFAULT default
    AS constant_expression
```

2）绑定默认

（1）描述。绑定默认把默认和表中的列联系起来。

（2）语法。

```
sp_bindefault [ @defname = ] 'default' ,
    [ @objname = ] 'object_name'
    [ , [ @futureonly = ] 'futureonly_flag' ]
```

3）解除绑定的默认

（1）描述。解除绑定的默认，就是把默认和列的联系断开。

（2）语法。

```
sp_unbindefault [@objname =] 'object_name'
    [, [@futureonly =] 'futureonly_flag']
```

4）删除默认

（1）描述。删除默认就是把默认的定义从系统中删除。

（2）语法。

```
DROP DEFAULT { default } [ ,...n ]
```

9. 函数管理

1）创建函数

（1）描述。函数可以完成指定的数据计算或操作。创建函数就是在系统中添加函数的定义。

（2）语法。

标量函数：

```
CREATE FUNCTION [ owner_name.] function_name
    ( [ { @parameter_name [AS] scalar_parameter_data_type [ =
default ] } [ ,...n ] ] )
RETURNS scalar_return_data_type
[ WITH < function_option> [ [,] ...n ] ]
[ AS ]
BEGIN
    function_body
    RETURN scalar_expression
END
```

内嵌表值函数：

```
CREATE FUNCTION [ owner_name.] function_name
    ( [ { @parameter_name [AS] scalar_parameter_data_type [ =
default ] } [ ,...n ] ] )
RETURNS TABLE
[ WITH < function_option > [ [,] ...n ] ]
[ AS ]
RETURN [ ( ) select-stmt [ ] ]
```

多语句表值函数：

```
CREATE FUNCTION [ owner_name.] function_name
    ( [ { @parameter_name [AS] scalar_parameter_data_type [ =
default ] } [ ,...n ] ] )
RETURNS @return_variable TABLE < table_type_definition >
[ WITH < function_option > [ [,] ...n ] ]
[ AS ]
BEGIN
    function_body
    RETURN
END
< function_option > ::=
    { ENCRYPTION | SCHEMABINDING }
< table_type_definition > ::=
```

```
        ( { column_definition | table_constraint } [ ,...n ] )
```

2）修改函数

（1）描述。修改函数就是修改函数的定义。

（2）语法。

标量函数：

```
    ALTER FUNCTION [ owner_name. ] function_name
        ( [ { @parameter_name scalar_parameter_data_type [ =
default ] } [ ,...n ] ] )
    RETURNS scalar_return_data_type
    [ WITH < function_option> [,...n] ]
    [ AS ]
    BEGIN
        function_body
        RETURN scalar_expression
    END
```

内嵌表值函数：

```
    ALTER FUNCTION [ owner_name. ] function_name
        ( [ { @parameter_name scalar_parameter_data_type [ =
default ] } [ ,...n ] ] )
    RETURNS TABLE
    [ WITH < function_option > [ ,...n ] ]
    [ AS ]
    RETURN [ ( ) select-stmt [ ] ]
```

多语句表值函数：

```
    ALTER FUNCTION [ owner_name. ] function_name
        ( [ { @parameter_name scalar_parameter_data_type [ =
default ] } [ ,...n ] ] )
    RETURNS @return_variable TABLE < table_type_definition >
    [ WITH < function_option > [ ,...n ] ]
    [ AS ]
    BEGIN
        function_body
        RETURN
    END
    < function_option > ::=
        { ENCRYPTION | SCHEMABINDING }
    < table_type_definition > ::=
        ( { column_definition | table_constraint } [ ,...n ] )
```

3）删除函数

（1）描述。删除函数就是把函数的定义从系统中删除。

（2）语法。

```
DROP FUNCTION { [ owner_name .] function_name } [ ,...n ]
```

10. 操纵数据

1）检索数据

（1）描述。检索数据就是把满足特定条件的数据从数据库中提取出来，供用户使用。

（2）语法。

```
SELECT select_list
[ INTO new_table ]
FROM table_source
[ WHERE search_condition ]
[ GROUP BY group_by_expression ]
[ HAVING search_condition ]
[ ORDER BY order_expression [ ASC | DESC ] ]
```

其中：

```
SELECT [ ALL | DISTINCT ]
    [ TOP n [ PERCENT ] [ WITH TIES ] ]
    < select_list >
< select_list > ::=
    {    *
        | { table_name | view_name | table_alias }.*
        |         { column_name | expression | IDENTITYCOL |
ROWGUIDCOL }
            [ [ AS ] column_alias ]
        | column_alias = expression
    }    [ ,...n ]
[ INTO new_table ]
[ FROM { < table_source > } [ ,...n ] ]
< table_source > ::=
    table_name [ [ AS ] table_alias ] [ WITH ( < table_hint >
[ ,...n ] ) ]
    | view_name [ [ AS ] table_alias ]
    | rowset_function [ [ AS ] table_alias ]
    | OPENXML
    | derived_table [ AS ] table_alias [ ( column_alias
[ ,...n ] ) ]
```

```
            | < joined_table >
        < joined_table > ::=
            < table_source > < join_type > < table_source > ON <
search_condition >
            | < table_source > CROSS JOIN < table_source >
            | < joined_table >
        < join_type > ::=
            [ INNER | { { LEFT | RIGHT | FULL } [OUTER] } ]
            [ < join_hint > ]
            JOIN
        [ WHERE < search_condition > | < old_outer_join > ]
        < old_outer_join > ::=
            column_name { * = | = * } column_name
        [ GROUP BY [ ALL ] group_by_expression [ ,...n ]
              [ WITH { CUBE | ROLLUP } ]
        ]
        [HAVING <search_condition>]
        { < query specification > | ( < query expression > ) }
              UNION [ ALL ]
              < query specification | ( < query expression > )
                  [ UNION [ ALL ] < query specification | ( < query
expression > )
                      [ ...n ] ]
        [ ORDER BY { order_by_expression [ ASC | DESC ] }    [ ,...n ] ]
        [ COMPUTE
            { { AVG | COUNT | MAX | MIN | STDEV | STDEVP
              | VAR | VARP | SUM }
                  ( expression ) } [ ,...n ]
            [ BY expression [ ,...n ] ]
        [ FOR { BROWSE | XML { RAW | AUTO | EXPLICIT }
                  [ , XMLDATA ]
                  [ , ELEMENTS ]
                  [ , BINARY BASE64 ]
              }
        ]
        [ OPTION ( < query_hint > [ ,...n ) ]
        < query_hint > ::=
            {    { HASH | ORDER } GROUP
            | { CONCAT | HASH | MERGE } UNION
            | {LOOP | MERGE | HASH } JOIN
```

```
          | FAST number_rows
          | FORCE ORDER
          | MAXDOP number
          | ROBUST PLAN
          | KEEP PLAN
          | KEEPFIXED PLAN
          | EXPAND VIEWS
          }
```

2）插入数据

（1）描述。插入数据就是在表中添加数据。

（2）语法。

```
    INSERT [ INTO]
        { table_name WITH ( < table_hint_limited > [ ...n ] )
          | view_name
          | rowset_function_limited
        }
        {   [ ( column_list ) ]
            { VALUES
                ( { DEFAULT | NULL | expression } [ ,...n] )
                | derived_table
                | execute_statement
            }
        }
        | DEFAULT VALUES
    < table_hint_limited > ::=
        { FASTFIRSTROW
            | HOLDLOCK
            | PAGLOCK
            | READCOMMITTED
            | REPEATABLEREAD
            | ROWLOCK
            | SERIALIZABLE
            | TABLOCK
            | TABLOCKX
            | UPDLOCK
        }
```

3）修改数据

（1）描述。修改数据就是修改表中的数据。

（2）语法。

```
UPDATE
    {
     table_name WITH ( < table_hint_limited > [ ...n ] )
     | view_name
     | rowset_function_limited
    }
    SET
    { column_name = { expression | DEFAULT | NULL }
    | @variable = expression
    | @variable = column = expression } [ ,...n ]
  { { [ FROM { < table_source > } [ ,...n ] ]
    [ WHERE
        < search_condition > ] }
    |
    [ WHERE CURRENT OF
      { { [ GLOBAL ] cursor_name } | cursor_variable_name }
    ] }
    [ OPTION ( < query_hint > [ ,...n ] ) ]
< table_source > ::=
    table_name [ [ AS ] table_alias ] [ WITH ( < table_hint >
[ ,...n ] ) ]
    | view_name [ [ AS ] table_alias ]
    | rowset_function [ [ AS ] table_alias ]
    | derived_table [ AS ] table_alias [ ( column_alias
[ ,...n ] ) ]
    | < joined_table >
< joined_table > ::=
    < table_source > < join_type > < table_source > ON <
search_condition >
    | < table_source > CROSS JOIN < table_source >
    | < joined_table >
< join_type > ::=
    [ INNER | { { LEFT | RIGHT | FULL } [OUTER] } ]
    [ < join_hint > ]
    JOIN
< table_hint_limited > ::=
    {    FASTFIRSTROW
       | HOLDLOCK
       | PAGLOCK
       | READCOMMITTED
```

```
            | REPEATABLEREAD
            | ROWLOCK
            | SERIALIZABLE
            | TABLOCK
            | TABLOCKX
            | UPDLOCK
        }
    < table_hint > ::=
        {    INDEX ( index_val [ ,...n ] )
            | FASTFIRSTROW
            | HOLDLOCK
            | NOLOCK
            | PAGLOCK
            | READCOMMITTED
            | READPAST
            | READUNCOMMITTED
            | REPEATABLEREAD
            | ROWLOCK
            | SERIALIZABLE
            | TABLOCK
            | TABLOCKX
            | UPDLOCK
        }
    < query_hint > ::=
        {    { HASH | ORDER } GROUP
            | { CONCAT | HASH | MERGE } UNION
            | {LOOP | MERGE | HASH } JOIN
            | FAST number_rows
            | FORCE ORDER
            | MAXDOP
            | ROBUST PLAN
            | KEEP PLAN
        }
```

4）删除数据

（1）描述。删除数据就是删除表中的数据。

（2）语法。

```
DELETE
    [ FROM ]
        { table_name WITH ( < table_hint_limited > [ ...n ] )
        | view_name
```

```
              | rowset_function_limited
         }
         [ FROM { < table_source > } [ ,...n ] ]
     [ WHERE
         { < search_condition >
         | { [ CURRENT OF
                 { { [ GLOBAL ] cursor_name }
                     | cursor_variable_name
                 }
             ] }
         }
     ]
     [ OPTION ( < query_hint > [ ,...n ] ) ]
 < table_source > ::=
     table_name [ [ AS ] table_alias ] [ WITH ( < table_hint >
[ ,...n ] ) ]
         | view_name [ [ AS ] table_alias ]
         | rowset_function [ [ AS ] table_alias ]
         | derived_table [ AS ] table_alias [ ( column_alias
[ ,...n ] ) ]
         | < joined_table >
 < joined_table > ::=
         < table_source > < join_type > < table_source > ON <
search_condition >
         | < table_source > CROSS JOIN < table_source >
         | < joined_table >
 < join_type > ::=
         [ INNER | { { LEFT | RIGHT | FULL } [OUTER] } ]
         [ < join_hint > ]
         JOIN
 < table_hint_limited > ::=
         { FASTFIRSTROW
             | HOLDLOCK
             | PAGLOCK
             | READCOMMITTED
             | REPEATABLEREAD
             | ROWLOCK
             | SERIALIZABLE
             | TABLOCK
             | TABLOCKX
```

```
                  | UPDLOCK
        }
< table_hint > ::=
      { INDEX ( index_val [ ,...n ] )
          | FASTFIRSTROW
          | HOLDLOCK
          | NOLOCK
          | PAGLOCK
          | READCOMMITTED
          | READPAST
          | READUNCOMMITTED
          | REPEATABLEREAD
          | ROWLOCK
          | SERIALIZABLE
          | TABLOCK
          | TABLOCKX
          | UPDLOCK
      }
< query_hint > ::=
      { { HASH | ORDER } GROUP
          | { CONCAT | HASH | MERGE } UNION
          | FAST number_rows
          | FORCE ORDER
          | MAXDOP
          | ROBUST PLAN
          | KEEP PLAN
      }
```

11. 许可管理

1）授予语句许可

（1）描述。语句许可就是是否能够执行数据库操作的许可。

（2）语法。

```
GRANT { ALL | statement [ ,...n ] }
TO security_account [ ,...n ]
```

2）授予对象许可

（1）描述。对象许可就是是否能够对某个数据库对象执行操作的许可。

（2）语法。

```
GRANT
    { ALL [ PRIVILEGES ] | permission [ ,...n ] }
```

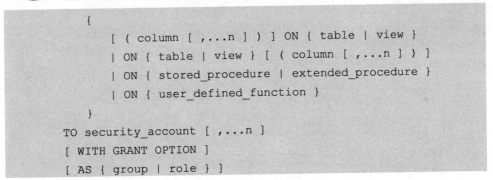

```
            {
                [ ( column [ ,...n ] ) ] ON { table | view }
                | ON { table | view } [ ( column [ ,...n ] ) ]
                | ON { stored_procedure | extended_procedure }
                | ON { user_defined_function }
            }
        TO security_account [ ,...n ]
        [ WITH GRANT OPTION ]
        [ AS { group | role } ]
```

3）收回语句许可

（1）描述。把授予用户的语句许可收回，但是不禁止用户从角色中继承许可。

（2）语法。

```
    REVOKE { ALL | statement [ ,...n ] }
    FROM security_account [ ,...n ]
```

4）收回对象许可

（1）描述。把授予用户的对象许可收回，但是不禁止用户从角色中继承许可。

（2）语法。

```
    REVOKE [ GRANT OPTION FOR ]
        { ALL [ PRIVILEGES ] | permission [ ,...n ] }
        {
            [ ( column [ ,...n ] ) ] ON { table | view }
            | ON { table | view } [ ( column [ ,...n ] ) ]
            | ON { stored_procedure | extended_procedure }
            | ON { user_defined_function }
        }
    { TO | FROM }
        security_account [ ,...n ]
    [ CASCADE ]
    [ AS { group | role } ]
```

5）否定语句许可

（1）描述。否定语句许可不但把授予用户的语句许可收回，而且禁止用户从角色中继承语句许可。

（2）语法。

```
    DENY { ALL | statement [ ,...n ] }
    TO security_account [ ,...n ]
```

6）否定对象许可

（1）描述。否定对象许可不但把授予用户的对象许可收回，而且禁止用户从角色中继承对象许可。

（2）语法。

```
DENY
    { ALL [ PRIVILEGES ] | permission [ ,...n ] }
    {
        [ ( column [ ,...n ] ) ] ON { table | view }
        | ON { table | view } [ ( column [ ,...n ] ) ]
        | ON { stored_procedure | extended_procedure }
        | ON { user_defined_function }
    }
TO security_account [ ,...n ]
[ CASCADE ]
```

附录 B　SQL Server 函数

1. 数学函数

函 数 名	参　数	功　能
ABS	numeric_expression	返回给定数字表达式的绝对值
ASIN	float_expression	返回以弧度表示的角度值，该角度值的正弦为给定的 float 表达式；亦称反正弦
ACOS	float_expression	返回以弧度表示的角度值，该角度值的余弦为给定的 float 表达式；本函数亦称反余弦
ATAN	float_expression	返回以弧度表示的角度值，该角度值的正切为给定的 float 表达式；亦称反正切
SIN	float_expression	以近似数字（float）表达式返回给定角度（以弧度为单位）的三角正弦值
COS	float_expression	一个数学函数，返回给定表达式中给定角度（以弧度为单位）的三角余弦值
TAN	float_expression	返回输入表达式的正切值
DEGREES	numeric_expression	弧度单位的角度转换为以度数为单位的角度
RADIANS	numeric_expression	度数单位的角度转换为以弧度为单位的角度
PI		PI 的常量值 3.141 592 653 589 79
RAND	Seed	返回 0～1 之间的随机值
SIGN	numeric_expression	返回给定表达式的正（+1）、零（0）或负（-1）号
EXP	float_expression	返回所给的 float 表达式的指数值
CEILING	numeric_expression	返回大于或等于所给数字表达式的最小整数
FLOOR	numeric_expression	返回小于或等于所给数字表达式的最大整数
ROUND ACOS	numeric_expression, length[,function]	返回数字表达式并四舍五入为指定的长度或精度
SQRT	float_expression	返回给定表达式的平方根
LOG10	float_expression	求以 10 为底的对数

续表

函 数 名	参　　数	功　　能
LOG	float_expression	求自然对数
POWER	numeric_expression,y	返回给定表达式乘指定次方的值
SQUART	float_expression	返回给定表达式的平方 s

2. 字符串函数

种　　类	函 数 名	参　　数	功　　能
基本字符串函数	UPPER	char_expr	小写字符串转换为大写字符串
	LOWER	char_expr	大写字符串转换为小写字符串
	SPACE	Integer_expr	产生指定个数的空格组成字符串
	REPLICATE	char_expr, integer_expr	指定的次数重复字符串
	STUFF	char_expr1,start,length,char_expr2	在 char_expr1 字符串中从 start 开始，长度 length 的字符串用 char_expr2 代替
	REVERSE	char_expr	反向字符串表达式 char_expr
	LTRIM	char_expr	删除字符串前面的空格
	RTRIM	char_expr	删除字符串后面的空格
字符串查找函数	CHARINDEX	char_expr1,har_expr2[,start]	在串 2 中搜索 char_expr1 的起始位置
	PATINDEX	'%pattern%',char_expr	在字串中搜索 pattern 出现的起始位置
长度和分析函数	SUBSTRING	char_expr,start,length	从 start 开始，搜索 length 长度的子串
	LEFT	char_expr, integer_expr	从左边开始搜索指定个数的子串
	RIGHT	char_expr,integer_expr	从右边开始搜索指定个数的子串
转换函数	ASCⅡ	char_expr	字符串最左端字符的 ASCII 代码值
	CHAR	integer_expr	ASCII 代码值转换为字符
	STR	float_expr[,length[,decimal]]	数值数据转换为字符型数据

3. 日期和时间函数

函 数 名	参　　数	功　　能
DATEADD	datepart,number,date	以 datepart 指定的方式，给出 date 与 number 之和
DATEDIFF	datepart,date1,date2	以 datepart 指定的方式，给出 date2 与 date1 之差
DATENAME	datepart,date	给出 data 中 datepart 指定部分所对应的字符串
DATEPART	datepart,date	给出 data 中 datepart 指定部分所对应的整数值
GETDATE		给出系统当前的日期的时间
DAY	date	从 date 日期和时间类型数据中提取天数

续表

函 数 名	参　　数	功　　能
MONTH	date	从 date 日期和时间类型数据中提取月份数
YEAR	date	从 date 日期和时间类型数据中提取年份数

4. 转换函数

函 数 名	参　　数	功　　能
CAST	expression AS data_type	将表达式 expression 转换为指定的数据类型 data_type
CONVERT	data_type[(length)],expression[, style]	data_type 为 expression 转换后的数据类型 Length 表示转换后的数据长度 Style（不带纪元和带纪元）

5. 系统函数

函 数 名	参　　数	功　　能
DB_ID, DB_NAME	DB_ID(name), DB_NAME(id)	获得指定数据库的 ID 号或名称
HOST_ID,HOST_NAME	HOST_ID(name),HOST_NAME(id)	获得指定主机的 ID 号或名称
OBJECT_ID,OBJECT_NAME	OBJECT_ID(name),OBJECT_NAME(id)	获得指定对象的 ID 号或名称
SUSER_ID, SUSER_NAME	SUSER_ID(name), SUSER_NAME(id)	获得指定登录的 ID 号或名称
USER_ID, USER_NAME	USER_ID(name), USER_NAME(id)	获得指定用户的 ID 号或名称
COL_NAME	table_id,column_id	获得表标识号 table_id 和列标识号 column_id 所对应的列名
COL_LENGTH	table,column	获得指定表列的定义长度
INDEX_COL	table,index_id,key_id	获得指定表、索引 ID 和键 ID 的索引列名称
DATALENGTH	expression	获得指定表达式占用的字节数

6. 集合函数

函　　数	功　　能
AVG	计算一列值的平均值
COUNT	统计一列中值的个数
MAX	求一列值中的最大值
SUM	计算一列值的总和
MIN	求一列值中的最小值

读者意见反馈表

书名：数据库系统管理初步　　　编著：计算机应用职业技术培训教程编委会　　　策划编辑：关雅利

> 　　谢谢您关注本书！烦请填写该表。您的意见对我们出版优秀教材、服务教学都十分重要。如果您认为本书有助于您的教学工作，请您认真地填写表格并寄回。**我们将定期给您发送我社相关教材的出版资讯或目录，或者寄送相关样书。**

个人资料

姓名_____年龄____联系电话_____（办）_____（宅）_____（手机）

学校_____专业_____职称/职务_____

通信地址_____邮编_____E-mail_____

您校开设课程的情况为：

本校是否开设相关专业的课程　□是，课程名称为_____　□否

您所讲授的课程是_____课时_____

所用教材_____出版单位_____印刷册数_____

本书可否作为您校的教材？

□是，会用于_____课程教学　　□否

影响您选定教材的因素（可复选）：

□内容　　　　□作者　　　　□封面设计　　□教材页码　　□价格　　　　□出版社

□是否获奖　　□上级要求　　□广告　　　　□其他_____

您对本书质量满意的方面有（可复选）：

□内容　　　　□封面设计　　□价格　　　　□版式设计　　□其他_____

您希望本书在哪些方面加以改进？

□内容　　　　□篇幅结构　　□封面设计　　□增加配套教材　□价格

可详细填写：_____

_____

您还希望得到哪些专业方向教材的出版信息？

_____

感谢您的配合，可将本表按以下方式反馈给我们：

　　【方式一】电子邮件：登录华信教育资源网（http://www.hxedu.com.cn/resource/OS/zixun/zz_reader.rar）下载本表格电子版，填写后发至 ve@phei.com.cn

　　【方式二】邮局邮寄：北京市万寿路 173 信箱华信大厦 902 室 中等职业教育分社 （邮编：100036）

　　如果您需要了解更详细的信息或有著作计划，请与我们联系。

电话：010-88254475；88254591

反侵权盗版声明

电子工业出版社依法对本作品享有专有出版权。任何未经权利人书面许可，复制、销售或通过信息网络传播本作品的行为；歪曲、篡改、剽窃本作品的行为，均违反《中华人民共和国著作权法》，其行为人应承担相应的民事责任和行政责任，构成犯罪的，将被依法追究刑事责任。

为了维护市场秩序，保护权利人的合法权益，我社将依法查处和打击侵权盗版的单位和个人。欢迎社会各界人士积极举报侵权盗版行为，本社将奖励举报有功人员，并保证举报人的信息不被泄露。

举报电话：（010）88254396；（010）88258888

传　　真：（010）88254397

E-mail：　dbqq@phei.com.cn

通信地址：北京市万寿路 173 信箱

　　　　　电子工业出版社总编办公室

邮　　编：100036